高等院校系列教材

中央美术学院 建筑学院教材

室内色彩设计学习
（第二版）
The Color of Interior Design
（Second Edition）

戴昆 著

中国建筑工业出版社

图书在版编目（CIP）数据

室内色彩设计学习 = The Color of Interior
Design (Second Edition) / 戴昆著. — 2版. — 北京：
中国建筑工业出版社，2021.4（2025.2重印）
高等院校系列教材　中央美术学院建筑学院教材
ISBN 978-7-112-25944-1

Ⅰ.①室… Ⅱ.①戴… Ⅲ.①室内色彩—室内装饰设
计—高等学校—教材 Ⅳ.①TU238

中国版本图书馆CIP数据核字（2021）第039404号

　　视觉作为人类六觉中最为敏感和准确的部分，可以让人们更好地接受信息、表达感情。色彩，因其对于人心理和生理的双重作用，其相关问题成为一个亘古不变的研究课题。本书作者结合多年的室内设计、陈设的工作经验，从室内设计的角度，由浅入深、由表及里地对于色彩情感、色彩空间、室内空间构成要素、色彩的观察分析、室内空间色彩主题、室内背景色、室内陈设的前景色和装饰色等方面进行阐述和讲解，图文并茂，体系完整，可供建筑学、室内设计等专业高校师生以及室内设计师及相关从业者、家居爱好者学习、参考。

　　温馨提示：本书赠送戴昆老师的精彩视频讲解，读者可扫描封底小程序，刮开涂层，一键免费兑换，开启色彩学习探索之旅。

责任编辑：周方圆　封　毅
责任校对：王　烨

高等院校系列教材
中央美术学院建筑学院教材
室内色彩设计学习（第二版）
The Color of Interior Design（Second Edition）
戴　昆　著

＊

中国建筑工业出版社出版、发行（北京海淀三里河路9号）
各地新华书店、建筑书店经销
北京锋尚制版有限公司制版
北京雅昌艺术印刷有限公司印刷

＊

开本：880毫米×1230毫米　1/16　印张：12¼　字数：333千字
2021年5月第二版　2025年2月第十四次印刷
定价：**96.00**元（含增值服务）
ISBN 978-7-112-25944-1
（37173）

色彩漫谈（代序）

马国馨　中国工程勘察设计大师
　　　　中国工程院院士

戴昆先生所著的《室内色彩设计学习》，作为高校规划教材和中央美术学院建筑学院与城市设计学院教材，新的一版即将付梓，戴昆先生邀请我写点什么。对于色彩这一专业领域，虽然我因为职业的关系接触过一些，但终究隔行，没有深入系统的研究，然而因为我们在北京市建筑设计研究院多年共事的情谊，所以我也大着胆子写些自己不成熟的想法。

人类的认识和现实的场地之间的结合点就是知觉，知觉本身是多方面的，在这些知觉的分析和综合能力中，视觉是最为敏感和准确的。据统计，外界的信息中有87%是由人的视觉获得的，视觉意象最容易被传递。一个良好的视觉环境可以使人们更方便地接受信息。著名的德裔美学理论家、心理学家鲁道夫·阿恩海姆（1904-2007）曾指出："一切视觉表象都是由色彩和亮度产生的。那界定形状的轮廓线，是眼睛适应几个在亮度和色彩方面都决然不同的区域时推导出来的。"色彩也成为一个专门的实施领域，尤其是对人的心理和生理作用的研究。有关色彩的问题，是一个既古老又十分现代的研究课题。

中国古代的五行学说曾对中国的哲学、科学、社会起到很大的影响，据查五行学说最早源于公元前两千多年的夏朝，现在一般认为源于《尚书·洪范》，人们认为金、木、水、火、土这五种基本物质是构成世界、组成万物的本源。到战国时期，齐国人邹衍又提出了五行相生相克的思想，从而方位、气候、五脏、颜色、味道、音律等方面都与五行之间产生了对应关系。以颜色而论，即水（黑）、火（赤）、木（青）、金（白）、土（黄），方位中的朱雀、玄武、青龙、白虎即由此而来。由于土就是中心，故黄色就象征着权力。同样建筑物上的一些颜色也只有用五行学说才能得到确切的解释。

汉代初期的《黄帝内经》对五行学说又做了进一步的诠释，如提到经络的颜色和五行的关系，认为经有常色而络无常变，即"心赤、肺白、肝青、脾黄、肾黑，皆亦应其经脉之色也。"在古人的智慧中，事物的构成要素均可分为五种属性，并由此理解和控制其状态和关系。这时的色彩除了象征主义的要求之外，又称为封建时代官方礼制的规定。如《礼记》中有"楹，天子丹，诸侯黝，大夫苍，士黈（tou）"，即指柱子的颜色，皇帝为红，诸侯为黑，其他官员只能用黄色。那时的"红墙绿瓦、雕梁画栋、青琐丹楹"成为中国独特的色彩风格。唐朝杜甫的诗句"孤城西北起高楼，碧瓦朱甍照城郭"即是绿色瓦和红色屋脊的重要佐证。"满朝朱紫贵，尽是读书人"则表现了宋代官员的服饰色彩。随着各朝代用色标准的变化，用色的等级观念愈加强化，尤其在明清时期达到鼎盛。

由于中国建筑木结构的特点，木材的油饰十分必要，这让木材的保护和装饰很好地结合了起来。除此之外，彩绘的壁画也得到广泛应用，因此额枋、天花、藻井、卷棚等处的装饰色彩都有丰富的变化。装饰色彩和结构很好地结合起来，到明清后期发展得富丽堂皇，反映了中国在政治和宗教上的需求。清代中期的学者李斗著《工段营造录》中收录了各种详细的工程营造做法，关于油饰做法就提到了"碌红、紫碌、瓜皮碌、银朱、黄丹、红土烟子、定粉、土粉、靛球、定粉砖色、柿黄、三碌、鹅黄、松花绿、金黄、米色、杏黄、香色、月白诸色"，工序需要用十五道。而对当时富丽堂皇的时风，清代的李渔在《一家言居室器玩部》中也专门提出自己的看法："盖居室之制，贵精不贵丽，贵新奇大雅，不贵纤巧烂漫。凡人止好富丽者，非好富丽，因其不能创异标新，舍富丽无所见长，只得以此塞责。"

然而对于色彩有比较科学的认知，还有待于物理学尤其是物理光学的发展。这里必须提到十七世纪英国伟大的物理学家和数学家牛顿。过去人们注意到他的万有引力定律和首创微积分学，却不知牛顿在剑桥三一学院首先讲授的课程就是光学，并将讲稿发展成题为《论颜色》的论文。他发现了白色光的组成，把颜色现象归入光的科学范畴之内。古代的亚里士多德认为光的本色是白色，像虹那样的有色现象是光的变态。牛顿认为颜色这一现象是由于把不同成分组成的光分解成若干单纯成分而产生的，他所指定的七色分类法是近代色轮的原型。牛顿发现这一现象的时间，正是清朝的康熙年间。但牛顿当时确信光是微粒的观点，此后惠更斯的波动理论又推动了物理学的进一步发展，人们才认识到色彩是以电磁波的方式引起的视觉体验。所有的色彩都是由可见光谱中不同波长的电磁波刺激而形成的。我们所说的可见光只是整个电磁波中 380 ～ 780 纳米范围内的电磁辐射，大于或小于这一段波长，人眼都无法感知。由于人眼感光细胞的特点，人们才有了不同颜色的感觉。

色彩学是一门复杂的交叉学科。物体的颜色是感觉和认识的基础，同时又对人的感情和心理产生很大的作用。把色彩作为表达感情的手段而加以积极、深入的研究是绘画的需求，如十九世纪的印象派，通过色彩效果强烈地表现画家的感情；而有关利用色彩对心理和生理的影响的研究，则更多见于应用美术方面，诸如商业美术、室内设计和工业设计等方面，虽然其历史不如纯粹美术悠久，但在近现代已有了很大的进展。本书所涉及的室内设计色彩，即是一个很重要的领域，也为许多专家所重视。

从色彩的物理性能看，当阳光（也就是我们认为的有色光）照射在不透明物体上时，一部分被吸收，一部分被反射，这部分就是人们所看到的物体的颜色。除了物体本身的固有色，还有在其他色彩的光源之下呈现的光源色。色彩的明度、色相和彩度也是必须了解的色彩三大属性，而彩度和明度又合称为色温，由此引出了色彩的标示和分类方法。这是色彩学当中最重要的实用部分，也表现于各国分别建立的色彩体系。

蒙塞尔色彩体系是由美国画家和美术教师 A• 蒙塞尔于 1913 年发表的《蒙塞尔色系图册》一书中创造的，系统模型使用色彩的三个属性来构建的三维空间主体模型。蒙塞尔 1918 年逝世以后，他的公司又于 1929 年出版了新的图册，由美国光学会加以修正，在国际上得到广泛的利用。

奥斯瓦尔德体系是由德国化学家奥斯瓦尔德研究的表色体系。他将所有物体的色彩用色相、白色量和黑色量来表示，即色彩是由白、黑和纯色混合而成，标示不同的混合比例。利用这一色系在寻找调和色时十分方便，因此为很多设计师所利用，但相较而言利用蒙塞尔体系的人还是更多些。

CIE 表色系是国际照明委员会（Commission Internationale de l'Eclairage，采用法语简称为 CIE）于 1932 年建立的最科学的表色方法，此前两种方法均将色彩尺度的表示与人的感觉相依存，而这一表色系统以分光光度计的测量值为基础，以色度学的方式来表示视觉系统感受的颜色。另外，这一方式也可以包含光源色在内，也与前二者皆不同。虽然这是比较准确的表色方法，但与蒙塞尔表色系统相比难以应用，所以又产生了两种色系表示和模板表。

另外本书中提到的瑞典 NCS 自然色色彩系统，也是世界上著名的色彩体系之一，也被广泛应用于建筑、建材、工业设计、艺术教育等领域，任何颜色都可以定义在 NCS 色彩系统中，并可以给出一个唯一的色彩编号。

除此之外，中国纺织信息中心联合国内外色彩专家和机构，从 2003 年开始研究，于 2007 年公布了国家标准 CNCS 色彩体系色卡，它的色彩的三个属性变化编排，反映各色彩间的关系，其色相细分为 160 个，明度跨度从 15 到 90，并利用 7 位数字编号来表示这一系统（前三位是色相，中二位是明度，后二位是彩度），作为国家标准和中国纺织行业标准，更多为服装设计师、纺织服装企业和科研教育机构使用。

除了各种类型和表色体系之外，对使用者来说，更为实用的就是色卡。根据不同要求、不同使用对象，不同开发公司都会有自己的色卡。对于建筑和室内设计来说，色卡是准确且便捷地记录色彩基本特征的有效工具，可以用色卡现场测色、选择样品、对比色彩，十分方便。前述的蒙塞尔体系、CNCS 体系、NCS 体系都有专用色卡，这里介绍一下本人在工作中所收集到的两种色卡。

第一种是日本油墨化学工业株式会社出版的 DIC 色卡（该公司总部位于日本东京日本桥）。到我拿到手时已出版了六卷色卡，共收录了 1280 种颜色，其中包括日本的传统色、中国的传统色、欧洲的传统色等，这些色彩的印刷油墨由 20 种基本色相配合使用，并在每一色彩处都注明了其配分比。虽然是为印刷行业应用，但是由于色彩丰富齐全，也还能勉强在建筑上使用。

第二种是美国的潘通色卡（PANTONE），也是国际上应用最为广泛的色卡。这家位于美国新泽西州的公司从 1963 年起出版潘通色卡，从最初的只有 2 页 7 种颜色，到后来的 108 页 747 种颜色（在我拿到手时），而且采取活页形式可以不断补充更换。它涵盖了纺织、印刷、绘画、数字科技等各个领域。同时该公司还生产其他产品，色彩的各类产品也与该色卡编号专属于同一系列。

　　然而相对于以上这些基本知识而言，戴昆先生的《室内色彩设计学习》是一本更注重理论结合实际、更有针对性的专著。他多年从事室内设计及室内陈设的工作，在长期的工作实践中通过大量案例积累了许多成功的经验，当然也会有切身的体会。我以为本书的八个章节正是从室内设计的角度，由浅入深、由表及里、由心理到感情、由视觉到质感、由宏观到微观的分析和梳理，而且全书图文并茂，通俗易懂，相信会受到广大高校学子和读者的欢迎。

　　对于执业的室内设计师而言，色彩设计涉及面对不同兴趣、不同文化程度、不同教育背景的各种业主；又要面对不同质感、不同表面的材料、家具和配饰；而场地和空间又是各不相同，同时又要考虑人们心理和生理上的不同感受，就需要在掌握和了解色彩运用的基本规则和规律之后，因时制宜、因地制宜、因材制宜、因人制宜、因光制宜，灵活运用、举一反三、恰到好处，在不断的实践中继续创造和探索，走出一条成熟的道路。

　　祝贺戴昆先生《室内色彩设计学习（第二版）》一书的出版，并预祝他在自己业界工作和笔耕上都继续取得成就。我因并未专门从事这一专业，对其中的具体并不了解，谨以自己不成熟的点滴体会作为本书的前言，希望得到有关专家的指正。

2020 年 11 月 8 日

本书的叙述顺序是：

了解色彩情感，培养色彩情感

↓

空间中的六个面

↓

室内空间的构成要素

↓

对于色彩的观察与分析

↓

设定室内空间色彩主题

↓

室内背景色

↓

室内陈设的前景色和装饰色

↓

室内色彩设计实例与分析

目　　录

第 1 章

了解色彩情感，培养色彩情感

苔藓绿

晨雾蓝

葡萄紫

芦穗灰

1　培养自己的色彩情感

　　室内设计师的工作内容主要是在建筑物的室内空间。人类创造了室内空间，同时也改变了自身的生活境遇。可以说室内空间是大自然向建筑物内部的延伸，它提供给我们一个更加安全、舒适的生活环境，而现代的人类，差不多会在室内空间中度过自己80%的生命时光。室内设计师在解决人们对于室内不同生活空间的功能性需求之外，也致力于赋予空间更美好的生活情趣。色彩环境的塑造，就是美好的视觉体验的重要组成部分。

　　大自然孕育了人类，也以其壮丽、多彩多姿的景象让我们折服。自觉不自觉地，我们总是会试图把大自然的美好景象带入我们生活的室内空间。对于室内设计师而言，用自己对自然的感知，来培养自己的色彩情感，赋予色彩更多的情感因素，是一个很好的学习和工作方法。尝试用自己对大自然的感悟，来赋予一些色彩自己的名称：比如用苔藓绿来替代一个枯燥的色号，这样一种暖的、深色的墨绿会因为名称的改变带出一些柔软的感觉；用暴风雨过后天空的蓝色，赋予一种浅浅的灰色调淡蓝一种无法比拟的清新；用法国古堡的外墙，去赋予一种暖灰色高贵的感觉等，凡此种种，慢慢地，你身边的颜色就会开始拥有自己的性格和个性。这些个性会带给色彩设计生命，让我们规划的室内空间充满生命力。

　　色彩世界是一个神秘、复杂的世界，每个人穷其一生可能也只能粗浅地探寻一隅。好在对色彩知识了解的不足，并不影响我们在实践中逐步总结进步，随着实践经验的丰富，慢慢地就能理解色彩的道理。

◀ *让一个色彩与我们的生活和体验联系在一起，色彩就有了情感，随之会将这些情感带入空间中去，让空间生动起来。*

Tips:NCS 色号的命名规则

　　NCS 色彩系统以黄、红、蓝、绿、白、黑六原色为基础，以黄（Y）、红（R）、蓝（B）、绿（G）为色环的四个色相坐标，同时规定了明度（W）、纯度 (C) 和黑度 (S) 三个色调指标，色相和色调共同构成了 NCS 系统的色彩空间，每一个颜色都能在色彩空间中找到具体的坐标。

六原色

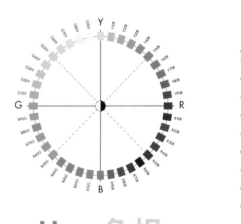

Hue 色相

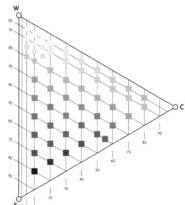

Nuance 色调

W = whiteness 明度
C = chromaticness 纯度
S = blackness 黑度

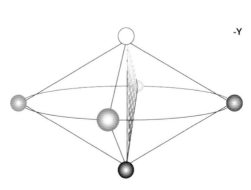

由色相与色调组成的色彩空间

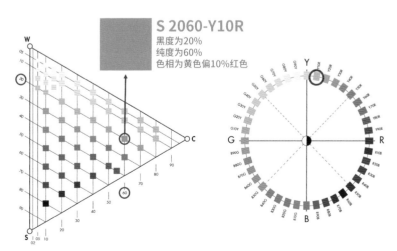

S 2060-Y10R

黑度为20%
纯度为60%
色相为黄色偏10%红色

（5）传统效果

（6）创造性的效果

2　　认识色彩的性格

正如爱娃·海勒在《色彩的性格》一书开头就抛出的问题："希望和毒药可以是一种颜色吗？"颜色从来都不是个简单的玩意儿。有着社会学和心理学背景的作者从另一个层面对色彩的作用进行了研究和论述，特别是针对有关情感和象征的 200 个概念。作者进行了大规模的调查，询问了多达 1888 名男女。而结果更加印证了色彩的情感复杂性，这远不是可以简单概述的东西。其原因何在呢？

颜色的变化是无穷尽的，专业色彩机构 NCS 通常会提供接近 2000 个色号，遗憾的是人类在不借助训练和工具的情况下，可以分辨的色彩没那么多。我们会发现红色是爱的颜色，但也是仇恨的颜色；魔鬼身上穿红挂黑，可大多数人也把红色与爱情、幸福相联系；红色既是向前的革命的颜色，又是交通信号灯中的禁止，在生活中也充满着各种的"红灯区"。我们这样解释颜色，您更明白了还是更糊涂了？上面的这些杂乱无章和矛盾，证明了色彩和人类的生活、思维、情感结合之后的复杂性，它给人类的色彩感知带来的影响，没有办法用色相、明度、纯度这些色彩学的术语来简单描述。它几乎是在美术学范畴之外另一个维度的存在，真实地影响着我们每一个人的色彩感知。我们作为设计师，作为每天与色彩打交道的人，完全有必要先从另一个角度来全面了解色彩的力量。

爱娃·海勒女士从以下的几个方面进行了分析，包括：

（1）心理效果

（2）象征效果

（3）文化效果

（4）政治效果

2.1　　心理效果

人的大脑是无与伦比的神奇机器，当一个视觉形象经由视网膜导入，在大脑中会迅速地与来自不同感官的经验综合，各种不同的经验、经历和感知都可能被关联作用。比如当你看到一个青绿色彩的果盘，儿时对青涩果实的感官体验被激活，便会得到水果很新鲜的感受；也可能反映出的画面是春天的新叶，让人联想到希望等。出于同样的理由，绿色，各种各样的绿色总是春季时装的常客。

有时候你会被一个从未看到过的画面所感染，被画面的色彩所刺激，从而激起内心的共鸣。这种理解来得如此之快，其原因在于"色彩能够唤起人们自然的、无意识的反应的联想"，一个来自外部的视觉传达激活了早已存在于观者内心的一个敏感的倒影。而这些敏感的倒影"源于经验，这些经验我们经常体验，以至于成为我们内心世界的一部分"。

但是我们需要关注的是不同的种族、地域、文化背景下的人们，针对同样画面，激活的感受可能是有很大差异的。比如同样是绿色的环境，生活在中国东南或西南部的人们只是感到一种司空见惯的舒适体验而已，但是对于一个西北严寒干旱省份的居住者，感受到的可能是生命的美好、自然的和谐。同样两个喜欢灰蓝色的人，来自沿海地区的人，脑海中反射的可能是广阔无边的海洋和由此体会到的自由、舒适的心情；来自西北地区的人，可能反射出的是对苍茫远山的敬畏、对生命的尊重。

作为设计师，我们需要客观地了解自己的色彩心理感受，同时加强自己对色彩情感的培养，这往往能在工作中给自己带来更多的灵感。

▲ 鲜艳的明黄色象征着春天的生机与活力，不同层次的明黄搭配背景中茂盛的植物，整个空间就像一首对生命的赞美诗。

2.2　象征效果

"象征效果产生于一些经验普遍化，将色彩的心理效果抽象化。因此心理效果与象征效果存在紧密的联系。"

人们会在自己的内心将心理效果的意向叠加到一些色彩上，比如麦穗是"金色"的。出于对粮食的敬重，人们把丰收的麦穗和宝贵的金子叠加在一起，尽管自然界的植物果实不大可能具有金属的色泽。在这个过程中，麦穗的色彩被抽象地赋予了象征意义。于是当你选择一个色彩来代表收获的时候，金黄色也许是主要选项之一。同样，作为农垦时代最宝贵的生产资源之一，种子也是金色的。经历严冬后种子萌发，寄托着人们对收获的美好憧憬，所以希望也常常也是金色的。

人们常常会把生活的各种经验抽象化之后叠加在色彩上，比如中医理论中，生气伤肝胆，而肝胆不好的人面色会黄、绿（也有说胆囊是黄绿色的），因此黄绿色常被作为嫉妒的象征色，比如说有人嫉妒得"脸都绿了"等。设计师在选择一个空间的配色的时候，色彩的心理效果是非常重要的前提因素，有时候甚至是决定性的因素。是选择周围环境中业已存在的色彩，让观者更好地融入环境，还是选择与环境色彩形成强烈反差来带出独特的心理体验？这些在不同的性质和受众的空间中都会有不同的权衡和解决方式。

我曾在《Colors for Your Home》中看到一则故事，设计师 Phoebe Howard 接到委托，完成一套海滨公寓的室内配色。她的选择是绿色、蓝色和接近沙滩的卡其色系，希望给业主一个可以与环境融为一体的、舒适、自然的居住环境。可是男主人非常希望加入自己喜欢的橘红色，设计师的解释是只能选择在房子周边环境中能见到的色彩，这样才有和谐的效果。于是男主人等到晚餐后，请设计师一同看日落时的晚霞，"看，在那儿！"这个故事生动地告诉我们，关于色彩的选择永远不是机械的，也永远没有标准答案。每一个室内色彩方案的选择，都只能依据"谁来使用？什么时候？在哪里？空间的用途是做什么？"这样的条件来做加权判断，选择的结果永远都不是唯一的，只是相对合适的一种。事实上我们经常会把这个最终选择权交给业主，因为他们才是最后的使用者。

2.3　文化效果

"存在于不同文化中的不同文化方式决定了色彩效果的不同"。不同的地域和文化使人们对颜色看法有相当差异。其中既有自然条件的差异带来的，也有来自人文、宗教的影响。比如在沙漠地区生活的人们中间，绿色总是至高无上的，代表着天堂和地域最高

▲ 五色土是华夏文明的经典符号，青、红、黄、白、黑也是传统文化中最具有象征意义的五个色彩，适合用于表达东方意象。在这个设计中，建筑门窗外侧是深棕色的传统色彩，而室内设计师将靠近中庭的门窗内侧改成了土红色，当门扇打开庭院的氛围随之改变。

的神。在这些地方绿色也是男性的颜色，传统意义上说，在各种文化中最受尊重的颜色都是男性的颜色，第二颜色才是女性的。

在我们中国文化的五行中，黄色代表"土"。一直以来，发源于黄土高原的中华民族对黄色都有特殊的感情，自古即有"黄天后土"一说，尊称天、地。明黄色也是太阳光的色彩，常与吉祥和至高无上联系在一起，这一点从佛教用色和皇帝的龙袍就能看出。

从明代开始，黄色甚至被固定为皇家的专用色，只有皇家建筑才可以使用黄色的琉璃瓦屋面。黄色一直都是中华民族和文明的象征色，与红色共同构成我们国旗的颜色。

2.4　政治效果

"在政治领域里色彩具有特殊的象征意义"，这一点非常容易理解。不同的团体、阶层都需要找出自己独特的视觉语言。比如"红色是革命旗帜的颜色，是所有社会主义国家旗帜的基本色彩。绿色是伊斯兰教中神圣的颜色，是所有伊斯兰国家旗帜上的基本色彩"。

但是颜色的象征意义并不是绝对的。同一种颜色完全可能在不同的场景下产生不同的意涵。这是一定要被关注到的不同的种族、文化的影响。每种颜色的象征意义都是多种因素综合作用后的复杂效果。如贡布里希在 1952 年的论文中说过："红——血与火的颜色，通常代表暴力或对立，也难怪红色常作为交通上的'停止'标志或在政治上代表革命。但红色本身并无固定意义，一个未来的历史或人类学家，如果想研究红色在政治与交通标志中的意义，就会发现其中的矛盾——如果红色的象征意义是固定的，那么就应同时适用于这两种领域。在交通标志上红色代表停止、禁止，在政治上岂不代表激进？而红衣主教的红帽、红十字会的红十字又作何解释？"

由此，我们从红衣主教的红色引出——色彩的传统效果。

2.5　传统效果

许多色彩的内涵意义都与传统的颜料提取及印染工艺有关。容易获取和加工的便宜颜料制作的衣物从来都与奢侈无关，比如"深绿色是一种便宜的颜色，所以欧洲的王公贵族是不会穿绿色服装的"。

让我们说回尊贵的红色。在欧洲中世纪早期，只有纯正的颜色才被认为是漂亮的，因此纯正的颜色是社会地位高的人的特权。"最高贵的红是紫红色：国王加冕时穿紫红色披风，红衣主教有专用的紫红色，高等法官的长袍也是紫红色。"早期的红色实际上是偏蓝的紫罗兰色，由拜占庭宫廷御用染坊独家生产的珍贵染料染制，随着东罗马帝国的灭亡，此秘方也失传了，之后才改成用胭脂虫印染的紫红色。这种胭脂虫实际上是生长在地中海边橡树上的一种母虱子。"一公斤染料大约需要 14 万个虱子，得用木质的刮刀从树叶上把他们刮下来，虱子干燥后被磨碎成为红色的粉末。1 公斤用虱子制成的颜料可以染 10 公斤的羊毛。"——传统的奢侈品制造几乎都与占有稀缺的生产资料有关。胭脂红还被用来制作药材，"据说可以治疗神经病、心脏病、头痛和胃病。"与之相对应的，是传说中明代用来印染龙袍的柘黄，也是李时珍《本草纲目》中记载的珍贵药用植物，"其木染黄赤色，谓之柘黄，天子所服。"药用可以化瘀止血，清肝明目。

需要关注的是随着时代的发展，传统也是不断演进、变化的。比如我们在给婴儿选衣服的时候，大都会依据"传统"为男孩子和女孩子分别选择浅蓝和粉红这两种婴儿色彩，但其实这两种色彩是 1920 年左右才流行开来的。

2.6　创造性效果

人类的创造力是无穷尽的，多数时候，设计师的工作就是在创造不同的视觉体验。在创作的过程中，综合运用色彩的原理及其背后蕴含的心理象征，总是能让我们创作出一个又一个新的视觉形象。创造性最重要的特征是勇气和打破常规，此处的常规是指一些关于色彩构思中的陈规俗套。但是还有另外一些关于色彩功能的常规，人们必须给予重视，否则创造性的

色彩构思就只能是无意义的空谈。因此，一种超越常规的着色要能够被人们接受，它必须合乎礼节、合乎材料并且合乎使用。

（1）创造性的着色必须合乎常理。

有些色彩一旦以特定的形式组合在一起，便会产生深入人心的意义，比如指挥交通的红色及绿色信号灯。电气设备如录音机和复印机，只要有绿色和红色的小指示灯，绿色指示灯总是指向表示备用状态或正常状态，而红色指示灯则指向了异常和警报状态。在这些场合如果"创造性地"扭转红与绿各自的表意，只会给使用者带来困扰。

（2）创造性的着色必须合乎材料特性。

（3）创造性的着色必须合乎使用需要。

学会从多方面、多角度地认识色彩的性格和象征含义，是我们培养自己的色彩感情和通向熟练使用色彩环境的必经之旅。

▼ *创造性最重要的特征是勇气和打破常规，此处的常规指一些关于色彩构思中的陈规俗套。*

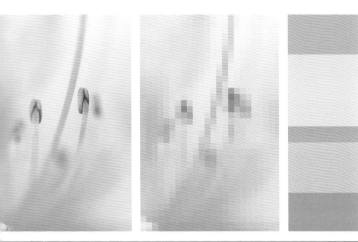

3　　人类对自然界色彩的认知规律

正如前文所述，人对自然界的认知，总是按感性→理性→提升这三个阶段进行的。感官上的触动会引发理性分析、联想和抽象的过程，当这个过程产生了成果，我们就能利用通感，把这些色彩运用到相应的场景中去。把大自然变成永不枯竭的灵感来源，在生活中感悟、学习、提炼，这便是"艺术来源于生活，又高于生活"的道理。

伊利尔·沙里宁曾经在他的《形式的探索——一条处理基本问题的基本途径》中表达过如下观点：色彩与其他手段的结合表现，就好像音乐与舞蹈之间的关系。音乐与舞蹈这两种艺术表现形式当然可以独立出现，但是在大部分时候两者同步出现，我们既可以说动作的节奏由音乐来引导，也可以认为音乐的节奏随人体的律动而产生。从这个角度出发，设计师可以从自然的美好形式与色彩构成中抽象、提炼出色彩的自然韵律，并运用到一个有着相通情景的空间之中，就像相伴出现的那些艺术形式一样，色彩设计的表现力有时候在空间中完全可以是主导性的。

◀ *人对自然界的认知，总是按感性→理性→提升这三个阶段进行的。感官上的触动会引发理性分析、联想和抽象的过程，当这个过程产生了成果，我们就能利用通感，把这些色彩运用到相应的场景中去。*

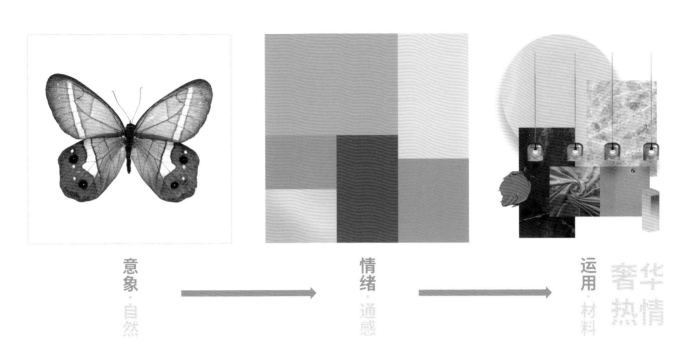

意象 · 自然 → 情绪 · 通感 → 运用 · 材料　奢华 情热

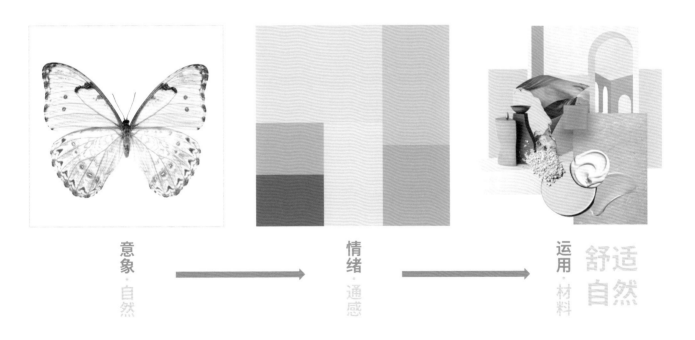

意象 · 自然 → 情绪 · 通感 → 运用 · 材料　舒适 自然

▲ 由人对自然界色彩的认知规律，能够发展出一种科学合理的色彩设计逻辑。以自然为师，灵感素材取之不尽。设计师需要不断训练的是自己的观察、提炼和应用的能力，这也是本书的主要内容。

第 2 章

空间中的六个面

1　空间是面的围合

　　室内的三维空间由二维的面围合而成。在建筑空间中，通常室内是由墙面、地面和顶面围合而成，换而言之，是由不同的垂直和水平面围合而成。在学习处理空间问题的时候，我们首先要学习的就是对各个面的处理，每一个面既有其独立的特点，又要在空间中形成一个整体。就室内设计而言，面与面衔接的部位经常是制造趣味的地方：材质的变化，色彩的交汇，甚至设计师会刻意制造出两个互相垂直的面没有完全闭合的效果，让一束光从这两个面的转折处透出来，使空间显得更加开放。面围合而成。我们在学习处理空间问题的时候，首先要学习的就是各个界面的处理，每一个面既有其独立的一面，又在同一个空间中形成一个整体。设计师在工作中需要注意的，就是当各个面围合成空间之后所呈现的效果：各个面上的设计元素与色彩关系是否和谐，是否达到了设想中的效果。有经验的设计师总是能够很好地把握不同空间的设计重点，从而合理地划分主次，用统一的设计语言和整体的色彩关系来实现空间效果的控制。当然，在处理复杂问题的时候，通过各种形式的展开图来反复推敲，也是分析研究的好办法。

　　从一个视角观察空间，可以得到一个视野，在这个被截取出来的画面中，不同的面占有不同的面积比例，当视角移动，视野中的画面不断变化，每一个面在画面中所占的面积比例也在不断变化。同一个面在视野 ① 与视野 ② 中的面积比例有很大不同（见 P28 页图）。在室内设计中，通常设计师会更加关注空间主要动线和主要视角上的效果呈现，室内的色彩关系的和谐与平衡，也正因为人们在空间中的不断活动，随着不同的视点和观察的角度的变化，永远在动态变化中。就这一点而言，处理好一个复杂空间的色彩关系是需要相当技巧的。

　　总而言之，墙、地、顶共同围合成空间，它们是有机协调的关系。设计师首先要控制不同部位的比例尺度，同时还要根据设计意图来控制空间的色彩氛围。室内色彩的搭配，就是不同面积、纯度和明度的色块在一个空间中的立体组合关系。要学习研究这些内容，首先要了解空间构成的不同元素。在下面的章节，我们会分别探讨围合空间的各个面。

不同展开方式的比较。

▼ *水平展开*

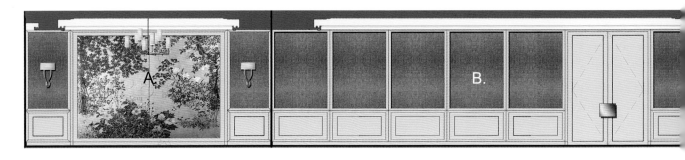

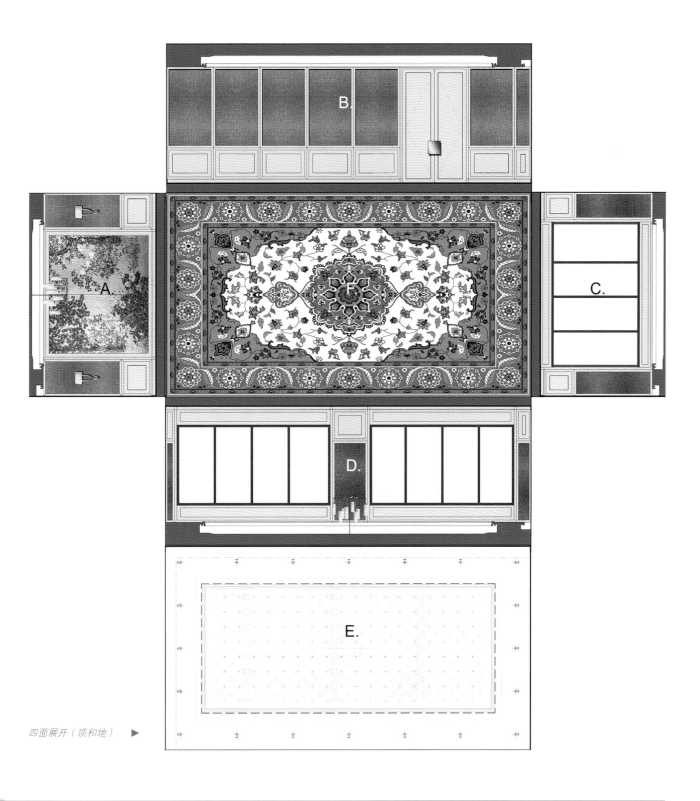

四面展开（顶和地） ▶

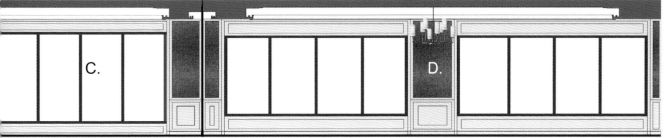

不同的展开形式比较：水平展开

①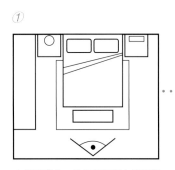

在视野①中，绿色墙面所占的面积
比例较大

②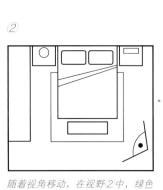

随着视角移动，在视野②中，绿色
墙面所占的面积比例已大为缩小

不同的展开形式比较：水平展开

2　垂直面

垂直面就是墙面，通常与我们的视线垂直，又占据围合空间的主要表面积，所以墙面通常是色彩处理的重点区域。不同的处理墙面的方式，能让空间变得更加生动，具有独特的空间属性，甚至能影响和指引人们对特定空间的理解和使用。

在传统的色彩设计领域，通常认为墙面具有的颜色就是整个空间的主题色。就墙面色彩对空间的决定性来看，这种说法不无道理，却不符合室内设计师的工作习惯。室内的色彩环境是一个极其复杂多变的有机体，重心总在各个不同的"角色"之间转换。大多数时候在室内设计师眼中，墙面色彩扮演了背景色的角色，起到烘托场景氛围的作用。而主题色（或前景色，与背景色相对应）常常会由家具、布艺或其他装饰品来表达。这样的角色分配并不意味着墙面的处理不重要，相反，墙面始终是构建室内色彩环境的主要因素。

下面我们来探讨有关墙面色彩设计的主要色彩专题。

2.1　洞口

我们通过门进入室内，通过窗来观看室外，同时窗户还为室内空间提供通风和采光。这些墙面上的洞口占据的面积越大，特别是建筑设计中备受关注的"窗地比"越大，室内空间狭小的局促感就越小。

门扇和窗帘是室内色彩环境的重要组成。他们占据了墙面相当的面积，在平衡空间的色彩上有着举足轻重的作用。许多时候业主会更在意窗框的颜色，实际上由于窗户的构件在墙面整体上的效果是线性的（相

对墙面而言），加之窗户所处的位置大多数时候明暗对比十分强烈，不论窗框本身是什么颜色，在人们的观察中基本上都呈现暖调或冷调的深灰色，因而在整个空间中效果并不突出，至少与窗帘相比，它的色彩几乎无足轻重。

各种洞口其实是墙面设计中的趣味所在。外墙上的门窗洞口，负责引入阳光和户外风景，令我们感知时节流转与地域特征。对室内设计师来说，让自己的设计呼应当地的环境往往是一个主要的课题，而外窗总能给我们完美的提示：不论是江南的烟雨濛濛还是北方的艳阳高照，说到底，室内设计是不可能脱离建筑与环境孤立存在的。不同朝向的窗户会在不同的时段带给我们不同的光线，早晨东南朝向的窗户会带来第一缕略带冷色调的阳光；而每个黄昏时分，西向的窗户都会带给我们夕阳的浓浓暖意。了解并且掌握空间的朝向和采光条件是设计的起点。利用好建筑物本身的条件，往往让室内设计事半功倍，毕竟阳光带来的美好和能量，是人工手段永远无法比拟的。

▼ *透过洞口，观察者的视线从家庭厅穿过门厅的楼梯间看到尽端的餐厅。洞口的存在丰富了空间的变化和趣味性，同一个色号的墙漆在空间和光线的不断穿插变化下，呈现丰富的细微光影明暗变化。*

　　不同朝向的房间，由日光带来的色温变化，是空间整体色彩感受的重要影响因素。室内设计师要培养建筑师一样的对空间朝向的敏感度，以把握日光对空间效果的影响。比如朝北的房间里，白天得到的是来自天空反射的偏冷的日光，这些偏冷的光线有利于表达清冷的色调，但对于暖色调的表达则可能成为不利因素。

　　室内各个空间之间的洞口，则为我们提供更加丰富的景深效果，光线在洞口间交织穿透会带来各种奇妙的效果。透过洞口，不同空间之间的色彩相互感染，交织成一幅绚丽的景象，将原本割裂的空间联系起来，把不同功能和情景的房间串联或并联在一起。这种不同空间的相互感染和呼应的是室内设计师最期待的场景。通过借景、对景等手法的作用，各种洞口就像大大小小的取景框，为那些呆板的空间带来丰富和变化的效果，有时甚至超过设计者的期望。

同一轴线上的连续洞口，光影的变化与画面的构成感，透过洞口窥探另 ▶
一空间的动态，与观者自身所在空间形成对比，赋予了空间足够的趣味。

▲ 建筑作为人造的空间，建筑师在规划建筑空间的时候，其实是在构建与观看者之间潜在的对话，因此，观看者置身其中感知建筑空间的时候，正是走进了一处预设好的风景之中。这意味着建造者可以通过对建筑物之间的空间次序和尺度的安排，使建筑既能够成为画框里的风景，也能够成为风景的画框。

▼ 洞口取景框作用凸显，本来是动态的通道，透过洞口，呈现出安定的画面。

▲ 作为房地产项目的营销中心和未来的客户会所，设计师和业主都希望营造一种亲切自然的氛围，来呼应项目打造的"生活在公园"的主题。建筑师为了给使用者更好的景观视野，将一层的建筑设计成漂浮在水面上的异形钢结构玻璃盒子。建筑物达到了最大限度取得景观的目的，但是室内空间显得过于通透和冰冷，所以设计师在整个空间的吊顶部分使用柔和的浅木色基调，将交通核心用大红色墙漆表现以拉近和客人之间的距离。几只白色的鸽子作为入口的动线引导，也是对公园环境的呼应与提示。

2.2　前进色与后退色

　　在墙面上使用前进色与后退色，一定程度上可以改变人们的感受。比如在一个尺寸很大的房间里，于墙面上使用前进色会减少空旷感，收拢整个空间；反之，于墙面上使用后退色，会在视觉上扩展空间，改善狭小空间的局促感。

　　前进色时常被用来改善人们的空间感受，减轻陌生、拘谨的感觉，提供亲切感。比如在大空间中，局部墙面的前进色可以提供私密感和安定感，这样的色彩效果经常运用在酒店的大堂前台和咖啡吧的背景墙面，而在一些局促的空间中，后退色则可以提供一定的缓冲作用。

▼ 如果将天花和交通核心设计成后退的灰色和冷色，不但建筑空间会给人冰冷的感觉，这些后退色也会让空间显得空旷而陌生。

▲ 图中房间所处的不利位置是小户型公寓常见的劣势 ——
需要从客厅的一角进入，旁边还有通往阁楼的楼梯。设计
师运用了蓝灰色色调和花卉主题，一只红色的床头柜平衡了
全屋的色彩，让其不至于过冷，让处于交通动线上的房间
显得安静而惬意。

▲ 墙面色彩不仅是蓝色色相，而且是灰调的弱色调，是典型
的后退色，具有避让、安静的特征，用于这个拐角处的卧室，
降低了纷乱不安的感受。而一个暗红色的床头柜，给整个
空间提供了一点活跃的情绪。

▼ 深灰色的后退色背景，渲染卧室的私密感，在这里一个两维立面上的灰蓝色块，对人产生了后退的三维进深的暗示；高纯度的红色衣柜具有前进感，
在视觉上修饰了空间的纵深效果。

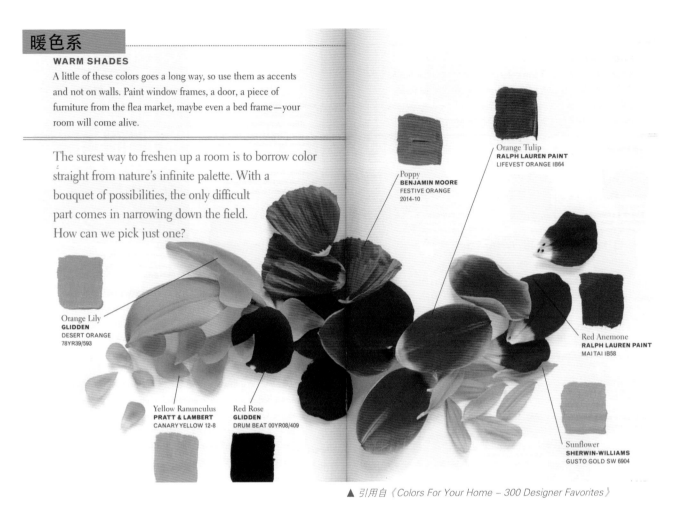

暖色系

WARM SHADES

A little of these colors goes a long way, so use them as accents and not on walls. Paint window frames, a door, a piece of furniture from the flea market, maybe even a bed frame—your room will come alive.

The surest way to freshen up a room is to borrow color straight from nature's infinite palette. With a bouquet of possibilities, the only difficult part comes in narrowing down the field. How can we pick just one?

Poppy
BENJAMIN MOORE
FESTIVE ORANGE
2014-10

Orange Tulip
RALPH LAUREN PAINT
LIFEVEST ORANGE IB64

Orange Lily
GLIDDEN
DESERT ORANGE
78YR39/593

Red Anemone
RALPH LAUREN PAINT
MAI TAI IB58

Yellow Ranunculus
PRATT & LAMBERT
CANARY YELLOW 12-8

Red Rose
GLIDDEN
DRUM BEAT 00YR08/409

Sunflower
SHERWIN-WILLIAMS
GUSTO GOLD SW 6904

▲ 引用自《Colors For Your Home – 300 Designer Favorites》

2.2.1 色彩的冷暖

色彩的冷暖是依据人的心理错觉对色彩的物理性分类，人对色彩的物质性印象，大致由冷和暖两个色系产生。通常我们以色轮 180° 为分界，波长较长的红光和橙、黄色光，本身有发热感，这些色彩的光照射到任何颜色都会增加其暖度。相反，波长短的紫色光、蓝色光、绿色光就有寒冷的感觉。夏日，我们关

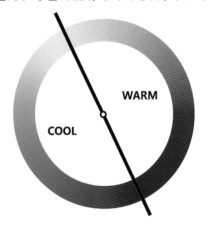

掉室内的白炽灯，打开日光灯，就会有一种凉爽的心理错觉。除了给我们带来的不同温度感受之外，冷色与暖色还会带来其他的感受，例如重量感、湿度感等。比方说，暖色偏重，冷色偏轻；暖色有高密度的感觉，而冷色则让人觉得稀薄；冷色的透明感更强，暖色则透明感较弱；冷色显得湿润，暖色显得干燥；冷色有退远的感觉，暖色则有迫近感。这些都是偏具象的感受，但却不是物理的真实，而是受我们的心理作用所产生的主观印象，是心理错觉的一种。

（1）高明度的颜色一般有冷感，低明度的颜色一般有暖感；

（2）高纯度的颜色一般有暖感，低纯度的颜色一般有冷感；

（3）无彩色系中白色有冷感，黑色有暖感，灰色属中性。

冷色系

COOL SHADES

A word about finishes. Light colors look darker in a flat finish.
Dark colors look brighter in a gloss or semigloss. A flat finish
will work well for the lighter shades here, but the deep purples
and pinks will definitely look better with a sheen.

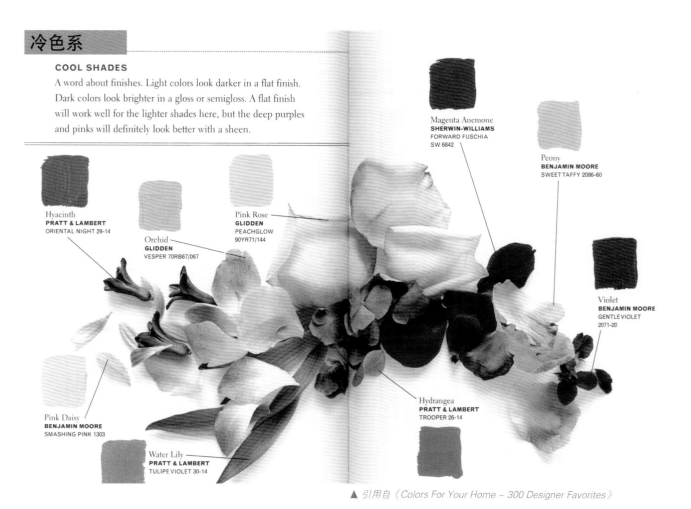

Hyacinth
PRATT & LAMBERT
ORIENTAL NIGHT 29-14

Orchid
GLIDDEN
VESPER 70RB67/067

Pink Rose
GLIDDEN
PEACHGLOW
90YR71/144

Magenta Anemone
SHERWIN-WILLIAMS
FORWARD FUSCHIA
SW 6842

Peony
BENJAMIN MOORE
SWEET TAFFY 2086-60

Violet
BENJAMIN MOORE
GENTLE VIOLET
2071-20

Pink Daisy
BENJAMIN MOORE
SMASHING PINK 1303

Water Lily
PRATT & LAMBERT
TULIPE VIOLET 30-14

Hydrangea
PRATT & LAMBERT
TROOPER 26-14

▲ 引用自《*Colors For Your Home – 300 Designer Favorites*》

2.2.2 色彩的前进感与后退感

色彩具有前进感和后退感，但是如同色彩的冷暖
表现一样，在我们的生活环境中，各种色彩并不是单
独出现的，这也就决定了在室内设计领域，色彩的前
进感和后退感总是相对的。

一种色彩让我们感到前进或者后退，取决于在空
间的色块整体组合中，我们针对这一色彩的哪一种心
理感受占主导地位。在选择色彩时，需要同时考虑色相、
纯度和明度三个要素。除此之外还需要考虑：什么样
的色彩特征可以让色块显现出前进或后退感？什么样
的色彩特征可让色块显现出单调或混乱感？什么样的
色彩组合会带来不同凡响的视觉效果？

色彩专家有区分色相、纯度和明度的判断能力——
这是项非常特殊的能力，只有通过长时间的训练，不
断细致观察、比对各种色彩的细微变化才能获得。区

▲ 空间中沙发背景墙面采用了"苍白、变灰的肉粉色"，其中包含了
一个前进感（粉红），两个后退感（苍白、变灰）的特质。

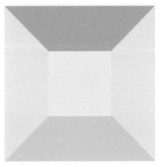

▲ 根据人们对色彩距离的感受，又可把色彩分为前进色和后退色，或称为近感色和远感色。前进色是人们感觉距离短的颜色，反之是后退色。暖色基本上可称为前进色，冷色基本上可称为后退色。

◄ 左图卧室的黄色墙面可看成像图 1 一样前进的图案；右图卧室的蓝色墙面可以看成如图 2 一样后退的图案。前进和后退的感觉有时并不只是影响人们对空间大小的判断，同样对空间传递的气氛产生影响，比如在这里明黄色带有活泼，而海蓝色则带来宁静。

别近似色之间细微差异的唯一方法，是把它们放在一起作比较：

（1）如果一个颜色相对低明度、高纯度、色相暖，则它有前进感；

（2）如果一个颜色相对高明度、低纯度、色相冷，则它有后退感。

橙红是最暖、最突出的前进色，可是如果把它的明度变高、纯度变低，它就可能会被描述成"苍白、变灰的粉红色"，而"粉红"是具有前进感的色彩，"苍白、变灰"则是后退色的特征。

紫蓝是最冷、最突出的后退色，可是如果在降低它明度的同时增加纯度，紫蓝就会变成咄咄逼人的前进色；明度、纯度极高的紫蓝色会有前进的感觉，这种感觉甚至比一个低纯度的橙褐色更为明显。

明度、纯度和色相共同作用，与颜色带来的感受，有时是微妙的，有时是剧烈的。尽管黄色在纯度达到

极高时是所有色彩中最有前进感的色彩；而高明度、低纯度的橄榄黄却是一种在沙漠、戈壁地区执行任务的军队用来做迷彩伪装的色彩。

▼ 明度极高、纯度极高的紫蓝色会有前进的感觉，它的这种感觉甚至比低纯度的橙褐色更为明显。纯度很高的蓝色墙面，改变了整个空间柔和的气质，让整个空间显得更加时尚、活跃。

▲ 色彩前进感和后退感的层次对比，常常决定了物体在空间的中活跃
程度，特别是布艺沙发和椅子。对这种细微感觉的把控最能体现设
计师的色彩能力。图中不同层次的桃红色的表现恰到好处，让单椅
成为主角但又不会过于抢眼，维持了整体的优雅气氛。

▲ 明度、纯度和色相共同作用与颜色带来的感受，有时是微妙的，有
时是剧烈的。高纯度前进色能迅速成为视觉中心。

▼ 单椅如果换成退隐的弱色调，虽然优雅，但
失去了其作为主角应有的力度。

▼ 单椅是强烈的前进色，虽然主角地位凸显，
但整体的优雅气氛被破坏了。

▼ 靠包色调加强，导致空间中角色混乱、不安定。

▲ 墙面占据视野的大部分面积，加上色彩在空间中的漫反射，人们习惯将墙面的色彩作为空间的主色调，当进入一个有着绿色墙面的空间，我们的感官会判定这是一个绿色的空间，而非第一时间把墙面的色彩剥离出来。

▲ 通过观察同一个房间在不同的时段（上图黄昏、下图正午）光照条件下的色彩表现，很容易看出室外光线的色温对室内色彩呈现有很大影响。黄昏时分，太阳落山后的一小段时间里，室外蓝紫色的光线通过落地窗改变了整个房间的色调。

2.3　墙面色彩的决定性作用

　　由于墙面通常占据了我们视点视野中的大部分面积，加上色彩在室内空间中的相互反射和感染，人们习惯将墙面的颜色作为室内的主色调。比如当你进入一个拥有绿色墙面的房间，你的第一反应一定是："哇，这是一个绿色的房间！"，而不会说："这是一个绿色墙面的房间！"

　　以上现象涉及色彩恒定性的问题。所谓恒定性，是指尽管随着某物体所在的场所、空间明暗等因素的变化，我们所感知到的该物体的信息会发生变化，但在我们印象里，它的各种特征，比如大小、颜色、重量等却始终保持不变。

　　在室内的荧光灯下看香蕉和在室外的夕阳下看香蕉，颜色是不同的。因为在不同的环境里，物体反射的光波存在很大差异。夕阳下看香蕉，黄色中会泛红（色相开始起变化），然而人并不会觉得香蕉的颜色有多大的变化，还会认为它是黄色的，这叫作"颜色的恒定性"。

　　即使光的波长发生很大变化，人们依然可以正确认知物体的颜色。这也侧面证明了光本身并不带有颜色，而颜色只是人在脑海中自己制造出来的。昆虫、猴子等也具有颜色恒定性的认知特性。

　　色彩的恒定性是一个有趣的话题，也是一个重要的课题。室内环境内的色彩会受到环境光线的影响，当设计师在一个朝向东南的房间墙面上使用绿色高光墙漆的时候，正午的光线和蓝天的映射会让墙面呈现漂亮的蓝绿色，但墙面的色彩本身是绿色的。当设计师了解了这种在不同光照条件下产生的微妙色彩变化，就能更好地把握和实现室内色彩的丰富效果。

2.4　背景与主体

一般墙面都是作为室内空间的背景存在，所以多数情况下，墙面的色彩总是使用中、低纯度的中性后退色。这些色彩温和、安静，低调地出现在空间背景里，从不与使用者、家具、陈设或别的事物争抢注意力。通常中性色和弱的后退色总是很好的背景色。当然，墙面的背景色与室内空间中的家具、陈设等之间的主次关系并不是一成不变的。在有些条件下，墙面的色彩也可以成为空间的主宰。在后面的章节中我们会单独谈到背景色的作用。

▲ 当设计师在一个朝向庭院的房间墙面上使用蓝色高光墙漆的时候，正午的光线和绿色植物的映射让墙面呈现漂亮的蓝绿色，但墙面的色彩本身是蓝色的。

▲ 在这个小女孩房里，设计师出人意料地使用深咖啡色作为墙面的色彩。台灯温暖的白炽灯光源给了墙面柔和的过渡，俏皮的粉笔画增加了空间的趣味性。墙面成了这个小空间的主题性元素。

2.5　　主力墙

　　顾名思义，主力墙是在空间中起主宰作用的墙面，设计师一般会使用色彩、图案和装饰品来强调这一部分墙面。在一个空间中，对主力墙的重点刻画能为空间带来明确的主题，但是在突出重点的同时，常常被大家忽略的是，主力墙经常也有放大空间的作用。"让一面深色或有大胆装饰的墙夹在两面浅色的墙之间，能够让房间显得宽大。但是如果四面墙都是深色的或者都是一种装饰图形，房间会显得很窄小。"当然上述的做法也不可一概而论，如果主力墙的墙面做法立体感非常强烈或者图案、色彩对比十分强烈，有时也会适得其反。

利用主力墙的壁炉和上部的镜面装饰塑造空间主题，壁炉两侧的窗户起 ▶
到了点睛的作用，很好地把户外景观引入室内。这面主力墙的做法成功
地改善了原有客厅空间狭小的感受。

在不同主题的空间里，设计师会灵活地选择主力墙的表现强度。主力墙 ▶
的做法也可以是色调柔和的，在图中的这个客厅空间中现代都市的优雅
生活氛围是设计师着力表现的主题。为了保持整个色调的清亮，设计师
只是在沙发背后的混油木作墙面上增加了灰色的线条，成功地强化了木
作本身的光影效果。墙面做法有机地融入了空间的整体色调，与沙发、
地毯和布艺一起共同塑造了一个和谐又不失变化的氛围。

▲ 主力墙的做法不一定是复杂的，使用中性的、带有后退感的米色调衬托一面精心组织的工艺品，同样能起到很好的效果。

▼ 在这个公寓场景中，走廊内侧采用弱的后退色壁纸，以示意这是通往　▼ 当去掉装饰画这个提示性元素之后，弱色墙纸显得退隐消极，像是走廊
　卧室方向的安静私密区域。迎面而来的当代艺术画作画面极具张力，　　的终点，而无法提示出另一个交通动线的存在。
　提示前方的 T 字形走廊是另一个交通动线的交汇点。

2.6　　特别的提示

　　设计师对墙面不同的色彩规划，能起到提示的作用，并增强空间的趣味性。在这些时候，设计师往往会在一些节点上做强调，比如上文论述的前进色的吸引作用；而在一些特别的地方，设计师会在后退色的围合中，增加使用前进色来突出效果。这种作法在带状走廊空间的尽端提示和交通核心的提示中作用显著。

▼ 在大面积的墙面上使用满铺图案与使用前进色的原理相似。设计师在大堂的接待台后面背景墙面上运用浅浮雕的六宛菱花图案，浮雕图案在灯光的配合下呈现出丰富的肌理效果。墙面的做法明显降低了周边环境的视觉干扰，提示了服务功能的所在，加强了指引性。在这里，空间设计的新东方风格主题元素和色彩与图案的运用结合在一起，起到了相得益彰的效果。

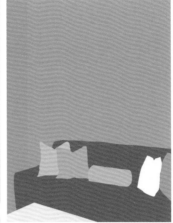

在未引入镜面反射的情况下，沙发与抱枕的相邻色关系显得单调。

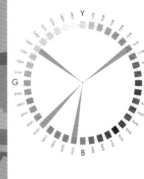

通过镜面反射，引入了两个有趣的色彩。

▲ 墙面上单独的镜面可以把空间中的不同场景纳入同一个画面中，为空间带来丰富的变化。

2.7　反射性表面

室内设计经常会用到各种反射性表面材质。比较常见的材质有石材、金属、镜面等，大面积用于墙面的则以镜面居多。使用镜子装饰墙面的做法由来已久，一种做法是直接用镜面作为墙面装饰材料；另一种做法则是用独立的装饰镜来丰富墙面效果。反射性表面能起到放大空间、活跃气氛的作用，使用得当便能画龙点睛、事半功倍。但设计师需要注意的是反射性表面的大量使用会干扰人的视觉判断，在走廊和一些动线上使用太多镜面，有时反而会成为不安全因素。

不论是在墙面或者顶面上整体或者局部地使用镜面材料，恰当的使用方式都能带来灵动活跃的空间效果。一些设计师通过分析人流动线，在合适的位置布置镜面，通过镜面的反射来组织有趣的色彩画面，能够实现使人印象深刻的效果。我们也时常会见到一些欠考虑的镜面设置，对空间的作用适得其反：比如设计酒店客房时在墙面上大量使用镜面材质，虽然取得了特别的视觉效果，但对本就不熟悉环境的住客来说，这其实增加了许多不便；再如，虽然镜面材质能有效打破空间的沉闷和封闭，起到调节气氛的作用，但在一些如卧室那样采光良好、更需要安静祥和气氛的空间，在使用镜面材质之前，就需要仔细推敲此举是否会带来画蛇添足的反作用了。

▲ 浅色的，尤其是白色的地面能让空间显得轻盈，大胆使用高反射材料作为墙面，镜面反射带来的光影效果让空间灵动起来。

3　水平面：
　　包括空间中的地面与顶面

3.1　空间中的地面

　　重力原因使得人的视觉更加习惯于地面和顶面之间呈现如天地一样上轻下重的关系，这能让人感到稳定、踏实。深色的地面给人以坚实的感觉，为空间提供稳定的重心和背景；浅色的地面，尤其是白色的地面，能让空间显得轻盈、灵动。

　　室内的地面通常使用的天然材料，如木材、石材等的色彩以大地色系的中性色彩居多。这些色彩没有太多的个性特征，总是能与其他材质和色块和谐共处。值得注意的是，同样的材质在不同的光洁度下会有不同的表现，光洁度更高的地面往往能在视觉上有效地提升空间高度。

　　带有立体感的地面图案不止能够活跃空间气氛、体现独特的豪华气质，同时也能够使空间显得更加充实。这需要设计师有很好的控制力来掌握图案与空间之间的平衡关系。有时候许多失败的案例是因为设计师一味地追求设计的花哨，在不大的空间里反复变换地面材料的种类、色彩和图案，最后的结果是地铺显得纷乱，空间也变得压抑了。

◀ *在空间的动线位置，设计师保留了空间的流动性，用两种不同材质的木地板拼合成宽条纹图案，在视觉上打通了两个空间，同时又用不同的墙面背景色区将它们区分开来，增加了空间的趣味性和时尚感。（左上图）*

带有立体感的地面图案不止能够活跃空间气氛、体现独特的豪华气质，同时也能够使空间显得更加充实。图中放射性图案的拼花地板，将参观者的视角引向空间的焦点：墙面的挂画。设计师将天花板做成素净低调的纯白色，墙面以色块为主来搭配地板的拼花，空间显得井井有条，主次鲜明，热闹但不拥挤。（左下图）

▲ 这是一个个性十足的用餐空间。设计师采用了稳定的橄榄绿背景色，
家具和地板高调的黑白条纹图案很好地打破了深色背景可能带来的
沉闷感，最后用墙面一点鲜艳的橘色点亮整个空间。

这是一套小公寓中的狭小的书房空间，设计师在这里采用了特别定制的 ▶
高光度浅灰色木地板，配合墙面上的后退色壁纸一起，有效地改善了空
间的狭小感受。这个例子中大家可以感受出在地面使用后退色对空间高
度的有效提升作用。位于视觉中心的降低了纯度的橘红色书桌和灰蓝色
的单椅，用弱的对比色关系成为空间的主角，演绎了一个方寸天地中优
雅的读书空间。

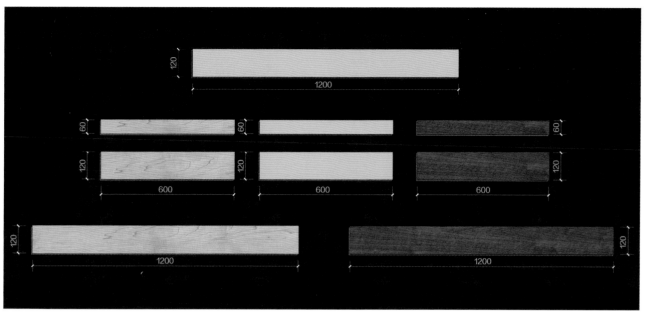

▲ 模数化的地板尺寸，能适应更多空间场景。（笔者 2014 年为大自然地板所做的产品设计）

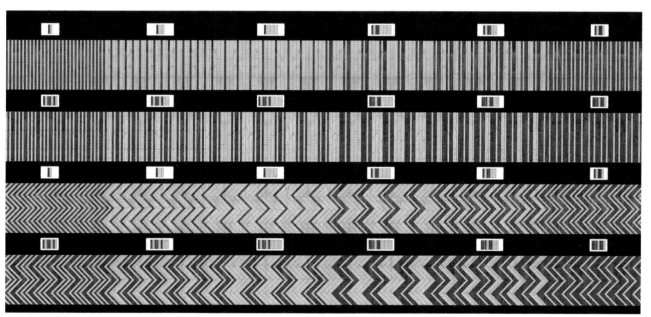

▲ 不同尺寸和花色的地板组合拼接，能够得到无数种图案。

· 木地板模块化设计：多样化的拼接方式。

　　不同的空间往往需要不同尺度的地板图案，这催生了地板行业对拼花地板模块化设计的探索和思考。通过标准化的模数设计，可以规定不同宽度的通用地板以配合空间尺度，也可以用于混合拼贴。更有甚者，可以将不同色彩、不同宽度的地板组合拼接在一起，能够形成几乎无穷尽的图案与色彩组合，完美配合不同空间的需要，创造出丰富细腻的地面效果。

▲ 不同尺寸和花色的地板组合拼接，能够得到无数种图案。

▼ 不同的地铺图案能够赋予空间不同的个性表达。

▲ 设计师在选择楼梯间地板的时候完全没有照顾到在核心空间中最重要的视觉安全作用,在下楼的时候木纹的天然纹理完全模糊了踏步之间的界限,成为一个不安全的因素。

▲ 在相对明亮、清晰的空间环境中设计师的视觉小游戏。在书店这样有情调的地方铺垫这样有趣的地毯,是非常适合的,有趣的地毯能吸引来更多的顾客。

3.2　地面的分隔与安全

　　地面的色彩和图案分割可以明显改善空间的完整性,提供更为明确的空间逻辑关系。同时地面图案的选择可以极大地丰富空间的视觉效果,但不当的图案选择会让人困扰,甚至容易带来安全隐患。

　　当空间中出现地面倾斜或高度变化时,设计师应该特别注意地面的材料和色彩选择,务求清晰、明确,减少发生意外的概率。

▲ 对天花的装饰总能起到特殊的效果。通道两侧的背景墙面是素净的色彩，而天花则出其不意地使用了饱满的红色，与地面浓厚的黑色地砖相呼应，使空间具备了一种深邃感。

3.3　天花的装饰

　　天花占用了房间的主要视觉比重之一，它也是重要的背景。通常天花总是用白色系的色彩来处理，多数时候甚至都可以忽视其存在，也正因为此，经过装饰的天花总能带来特殊的效果，不论是色彩、图案还是质感上的变化。

▼ 这个空间对于售楼处来说实际上是大了些，业主担心过于空旷而显得没有人气。设计师在吊顶上选择了极具填充效果的三维杆件，在空间中使用强对比、高纯度的色彩。高纯度的红色和强烈的黑白对比，人造石材质的地面、接待台等对空间的填充作用明显。试想如果把图中的椅子换成中性的灰色调，整个空间的效果一定会截然不同。

4　色彩图案的空间填充作用

　　在室内空间中，每个面上的色彩和图案都在对空间施加影响。其中一个比较重要的现象就是色彩与图案在空间中的视觉占有率，越是强烈的色彩和图案对空间的填充作用越明显。明艳的色彩和图案则需要一定的空间作为缓冲带。当你在一个空间中使用高纯度的鲜艳色彩，或是使用对比强烈的色彩组合时一定要注意，鲜艳的色彩及色彩组合与室内空间中其他色彩的谐调度往往是个难题。通常设计师可以一方面控制这些色彩出现的面积、部位；另一方面在空间中使用

▲ 这是一个空旷的半地下空间，设计师运用了图案来填充空间。大花壁纸、宽条纹布艺沙发和地上的块毯共同营造了丰满的视觉效果。

将地毯换成素色之后，失去了地面图案对空间的填充作用，空间显得空旷而冷清。

大量中性色来调和，用中性色来强调出明度的差异这个方法总能取得不错的效果。

图案可以令空间丰满起来。在电视台录制装修类节目的时候，一个退休的单亲妈妈就表现出对中性色大花壁纸装饰方案的青睐。原因是她和儿子要住一套较大的公寓房，平时儿子上班的时候，这位母亲总觉得家里空荡荡的，当她看到这个方案的效果图时，墙面上的大花壁纸不仅带来了奢华感，她也感到家里没那么空旷了。

关于墙面的图案还有一个常见的例子。当你走进一个贴有绿色小碎花壁纸的房间，你很容易放松下来，靠在墙上与房间里的人交流，因为中立的色彩和柔和的碎花图案不会给你压力，而当你进入一个壁纸图案对比强烈的房间时，你大概会想和墙面保持一点距离。随着图案变得越加强烈，人与墙面的距离也在加大，这个距离可以被理解为色彩和图案所需要的缓冲距离。

"一个带图案的表面比一个使用单种色彩的表面看上去效果更强烈显著。亮色加图案可以变得非常醒目。"对这一点的认知，我想服装设计师要深刻得多。高纯度及明度的色彩和强烈的图案可以有效地吸引眼

▼ 图中的大花壁纸尽管采用了极浅的灰调子，其前进感的提示作用仍然显著。在这个空间中，设计师组织了一组强度微妙变化的图案和色彩，从地毯、椅子、墙面、壁纸层层过渡，视觉中心的单椅很好地起到了点睛的作用。

球，让希望成为焦点的人在人群中突显出来，但同时也会降低衣服的使用率，因为人们不得不思考："今天穿这件衣服场合合适吗？"这也从另一方面印证了为什么流行的撞色设计大多出现在一些高端奢侈品牌的设计里，而不会出现在工薪阶层的衣柜中，因为对他们来说，买一件很好看但没机会穿出家门的衣服太不划算了。

空间中各个面上色彩与图案的运用在全案精装修的房地产项目里往往是一个重要的课题。设计师对图案、色彩和材质的选择与变化运用，可以让空间更为丰满和充实。毕竟对于精装房来说，业主收楼的时候是一套刚刚装修完毕的新屋，里面空荡荡的，恰到好处的填充感能给业主提供心理上的满足感，让业主对入住的美好生活充满期待。但另一方面，我们在市场上见到大量的精装修房，在过度运用材料的同时，也过量地使用明度对比强烈的壁纸、地板和石材地拼图案，容易使人产生纷乱的压迫感。有时候基于样板间需要在很短时间内对客户形成视觉上的刺激，这样的做法有一定的针对性，但是对于全案精装修的房子而言，这样的做法只会给未来的业主生活带来困扰。

图案不仅吸引视线、丰富空间表面的质感，而且它比单纯的色彩更能影响空间。图案的主题部分一般总是突出在背景之前。根据图形和背景的色彩和性质，图案主题可嵌入物体表面，或藏在表面之后，也可以是突出在物体之前。

空间中的物体或物体表面上的图案都是图形，而在物体或图形之后的表面是背景。因为视线常会被物体所吸引，所以图案主题会从它们的背景中突显出来。大脑是通过确定物体在空间中的位置和物体之间的相互关系来感知周围环境的。人的眼睛对图形和物体表

一幢别墅顶层，外面的过厅是男孩活动的空间，里面的是他的卧室。设计师在同一个色彩体系中，用格子的主题进行变换。卧室空间的格子图案比例显然更为安静、柔和，而过厅的娱乐空间设计师把一块格子布的图案放大了很多倍，变得十分活泼和跳跃。

面的感知也同样如此。

　　"一个有凸起边缘的地方看起来在背景之前。反之，一个有凹陷边缘的地方看上去像背景上的一个洞口。"

—— 阿恩海姆

◀ 设计师用画作强烈对比的图案凸显于背景之上来活跃门厅的气氛，打破连续的方正空间给人带来的呆板感。当代艺术的意象也很好地化解了东方风格中的老气横秋、千篇一律，让参观者感受到强烈的视觉冲击。

◀ 柔和的灰色调之中的对比变化关系。设计师挑选了一幅水彩习作放在床头，习作的弱对比色彩和后退色的卡纸边框，安静、内敛，丰富背景层次的作用大过其本身的装饰作用。

5   壁纸和壁布的话题

　　壁纸和壁布是室内设计中经常使用的材料，它们柔和的质感和细腻的图案有助于气氛的渲染和情感的表达。

　　现代壁纸从欧洲兴起，在 16 世纪就出现了手工壁纸。随着工业革命的发展，1839 年在英国首次出现了印刷壁纸，它的出现，让这种原本十分昂贵的墙面装饰亲民了起来，助推了当时强调装饰的维多利亚风格的兴起，一时间，各种图案占据了人们居室的墙壁。早期许多著名的壁纸工厂常与艺术家进行长期合作，因此很多壁纸产品具有很高的艺术价值。当时很多壁纸更接近壁画作品，往往提供大型连续图案。在这一时期，壁纸往往靠自身的图案魅力就能成为房间的装饰主题。随着社会工业水平的提高，壁纸的图案越来越复杂，多次套色的丝网印刷、压花，基材的各种变化，让今天的壁纸种类繁多、变化无穷。与此同时，各种空间对壁纸的不同需求也促进了壁纸种类的分化。出于成本原因，简单的重复图案成了工业化壁纸产品的主流，今天已经很少有壁纸厂家生产个性化的连续图案壁纸了。

　　近年来，壁布开始占据墙面装饰市场更多的份额。壁布采用的材料更加经久耐用、便于清洁；同时随着织绣工艺的进步，壁布拥有了远比壁纸丰富的材料和质感选择。与壁纸不同的是，壁布的图案实现很大程度上依赖于织绣机器的配置，主要的影响因素有机器的门幅、花距、纱线数目、套色等。不同门幅的机器，决定了壁布图案的织造方向，也决定了后期上墙时的施工方向。一般来说，壁布市场的主流产品为门幅2.8

美国费城博物馆收藏展示的壁纸：Garden of Armida。1854 年产于法国。 ▶

▲ *纽约大都会艺术美术馆展示的一个空间，壁纸为现代仿制的1810年代款式，描绘着巴黎风光。*

米以上的宽幅壁布，对常规的室内空间有极大的普适性，能够实现无缝施工。壁布的门幅和花距，决定了连续图案壁布图案的循环次数。如今市面上的主流织机为四花机，在门幅方向能够织出四个图案循环。了解图案的循环次数和花距大小，对确定图案在空间中的尺度比例关系尤为重要。一般来说，门幅除以循环次数能够得到大致的花距，即一个图案循环的大小，由于纱线的伸缩度和后期水洗、熨烫及附底工艺的影响，门幅和花距与设计图的尺度会有一定的误差，这些都是设计师在实践中必须考虑到的问题。

下面我们来分析一些壁纸壁布运用中的关注点。

▲ 比较宽的竖条图案壁纸效果比较强烈，一定要配合大面积的单纯色
块来降低给人带来的眩晕感。

5.1　平衡的图案

通常图案的水平延展会给人带来视觉上的平衡感，当选择的壁纸壁布图案不是垂直或水平延展时（尽管这很少见），设计师需要注意这一点给室内空间带来的变化。有时候我们会碰到有渐变效果的壁纸壁布，通常它们会带来视觉的虚幻感，需要谨慎使用。

具有较强烈几何感的图案，在色彩明度对比也比较强烈时，可能会在空间中造成视觉眩晕，具有这样特点的图案用在需要安宁氛围的卧室空间时会破坏气氛，但是用在比较活跃的娱乐空间就能够辅助形成独特的氛围。

motif intégration →

5.2　图案的色彩对比

　　当壁纸壁布的图案具有很强烈的色相、明度变化，或者色彩的纯度很高时，通常会具有更强的立体感。这种强烈的变化会带给人们视觉上的错觉，产生图案悬浮于墙壁上的感受，正是这种感受让大的、强对比的图案，在带给人们动感视觉效果的同时，也常会给人带来眩晕感。这一点是设计师在处理一些需要宁静、舒缓氛围的空间时需要注意的。

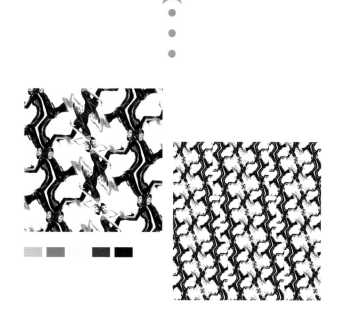

▲ 随着图案的比例变化，图案中的细节逐渐消失，从具体到抽象的变化过程：上面一组图片比较了在图案的明度、纯度和色相发生变化时同一图案在空间里呈现的不同效果，图案时而漂浮于墙面，时而融入墙面，有时又退入墙面的后面形成了不同的风格。

5.3　　图案的比例

　　选择图案，是壁纸壁布选样的重要环节。总的来说壁纸壁布可以分为"有图案"和"无图案"两种，所谓的"无图案"并非全是白纸一张，一些印有肌理感图案的壁纸，以及素色的壁布也是一种"无图案"。由于肌理取代了图案，远看是一个整体的大色块，近看才能看到丰富的细节，所以设计师在选用时，要格外注重观察壁纸壁布表面材质，尤其是一些反射度较高的壁纸壁布，在一定的光线条件下色彩变化非常大，要在多种光线下多次比对。

　　而对大多数情况下使用的有图案壁纸而言，图案的挑选需要一定的技巧。图案的比例选择过大，墙面的表现力突出，但是会让空间相对压抑和拥挤，显得杂乱无序；图案的比例选择过小，在远一点的距离观看时图案就看不到了，变成一种质地和肌理可能失去了设计的原意。

▶ 在这个卧室场景中，一些印有肌理感图案的壁纸，以及素色的壁布也是一种"无图案"。由于肌理取代了图案，远看是一个整体的大色块，近看才能看到丰富的细节。

◀ 高对比度的图底和具象的图案用于展厅可以引来关注，但用在居室则可能会使人烦躁不安。

▲ 具有强烈主题性的图案能够给空间带来戏剧化的张力，可以用在娱乐室、影音室、酒吧、儿童房等气氛热烈的空间，但是只要调整一下色彩，或者
仅靠弱对比肌理来表现图案，那么主题性图案也能适用于静谧的、具有艺术气质的空间。

▲ 图案原稿

5.4　图案的内容

　　一般情况下，设计师选择壁纸壁布都是作为空间的背景材质，不希望背景色太过抢眼，对空间的内部陈设形成干扰，因此低调柔和的产品常常是首选。但是近年来，随着业主和设计师对个性化空间的推崇，有更多个性化、主题化的图案进入了主流视野，这些图案一般比较具象，色彩、材质和肌理也会相应地比较特别。使用这样的壁纸壁布，需要设计师对空间图案的主次关系有极强的把控能力。

▲ 要关注后期陈设中家具、布艺等的图案和色彩与壁纸壁布的协调关系。图示的壁纸表面图案带有一定的反光，于是在上墙后，从不同的角度观察会呈现出不同的效果。这些变化的效果在前期设计师挑选的时候要引起足够重视。

5.5　良好的工作方法

图案的丰富性是壁纸壁布的优势之一，现在设计师手边可选择的产品几乎是无穷尽的，这就更需要设计师具备良好的工作方法。在选择壁纸壁布时，面对堆积如山的样本，一定要从大处着眼，否则容易耗费时间在各种纠结上，导致工作效率极低。对工作方法的建议如下：

第一，做好日常基础工作，对手边常用的壁纸资源大致分类，按照大体风格、色彩、图案等归类，尽可能减少同一类型中过于雷同的样本，这些重复的样本会在工作中耗去设计师大量的时间。

第二，设计师选择具体方案的壁纸时，要遵循科学的工作程序，提纲挈领地从工作的源头开始把控，不做漫无目的的搜索。

（1）确定空间主题、气氛：设计师的工作始于条件分析，只有完全把握了业主的要求和建筑物自身的各种条件，才能明确设计的主题和所需要营造的气氛。室内设计师不是魔术师，在空间本身不具备条件的情况下是无法实现设计意图的，因势利导、顺势而为的设计才是自然、有机的。

很多失败的案例往往是设计师没有很好地理解空间的尺度导致的。比如在一个小空间里希望完成一种辉煌的效果，或是在一个大空间中希望达成私密的个人化小场景等。显然，没有空间尺度上的合理配合只会事倍功半。因此，明确地了解自己接手的空间的特质，是非常重要的基本功。

色彩和图案可以改善空间给人的心理感受，但这样的改善效果是有限的，这也是我们常常强调设计师不是魔术师的道理。

（2）确定色调：根据主题和建筑空间的现有条件明确整体设计的色调关系。

这里所说的色调关系，是对建筑整体的分析和布局，涉及建筑的整体色调设计和不同部分所采用的色彩搭配和组合。而针对每一个空间自身，其内部的色彩也是一个完整的色彩体系，墙面色彩只是其中比较重要的一个部分。设计师只有拥有全局的构想，才能明确判断墙面色彩和图案应该担当的合理角色。

（3）依据不同空间选择图案的强度：根据空间的使用功能和视觉需求来确定图案选择方向。这个过程中，设计师可以做多方案的构想，一方面从空间的使用功能出发选择方案；另一方面要照顾公共空间与私密空间之间的过渡和衔接是否顺畅。有时候空间的动线也是一个考虑因素。毕竟建筑物的内部空间并不是割裂的，而是相互连通充满变化的。而使用者在空间中的主要动线上的视角都是可以被设计师预先在平面图上推敲的。有时候，我们必须把每一个独立空间的色彩与相邻空间，以及起到联通作用的公共空间一并考虑，因为在很多情况下，使用者往往能同时看到不止一个空间。虽然室内设计完成的是整个空间的设计，但是设计师还是可以通过对使用者的动线和使用习惯、房间功能的使用顺序等因素做出分析。最后，相邻空间色彩的相互感染也是相当重要的因素。以上种种因素，为空间设计提供了相当多的制约条件，有助于设计师形成多个方案的分析和推敲。

（4）选择与主题协调的图案：根据前期对空间的分析，在样本中挑选最为合适的壁纸壁布品种。在整体研究空间色彩之后，具体的选择工作并不困难。事实上，前期分析的过程，才是主要的工作。

（5）核对效果：在完成选择后，再比对相邻空间乃至整个建筑空间的色彩配比关系是否和谐而不失变化。所有的复核工作都是必要的，一些设计师在设计过程中无法保持思路连贯，最后终于失去了对整体效果的控制。这种现象在年轻设计师当中最为常见，原因无非是一旦进入具体选择的环节，脑子里就只关注"好看不好看"，却忘了"合适不合适"才是问题的关键。在各种好看的图案面前，设计师不断推翻之前的构想，最后选出了一堆好看的壁纸壁布，却组合不进自己的设计里。所以，我们常常会建议年轻的设计师，每往下工作一步都回想一下，我的概念设计是什么？我偏离方向了吗？为什么？理由充分吗？及时的反思和复核能够保证自己的思路连贯地进行下去。

可以看到，以上前三个步骤并不需要在样本间里完成。首先根据任务书，结合空间的具体形态，确定自己的设计方向；然后确定色彩的主从关系和每个空间的色调关系，先明确整体的陈设方案。根据方案设定每个空间中背景图案和色彩的强度，做好了以上的所有限定之后，再进行具体的选样。这个时候，设计师对每个空间的壁纸壁布选择范围和方向基本就心中有数了，可以有的放矢地选择样本确定图案；最后在

整体选择完成后，再按照各个空间的相互关系、使用者日常的动线等因素来校核一下所选择壁纸在空间里的整体性，工作就可以完成了。

面对海量的资源，设计师提高工作效率要以实际为先导。前期的方案推敲能明确设计的指导方向和制约条件，帮助缩小选择范围，也确保壁纸方案的整体性，避免"跑题"，因为选择壁纸的难点之一，在于评估样本与上墙后实际效果的差异。通常容易形成判断误差的原因如下。

（1）看样本时由于观察距离近，误判了图案的强度，这是常见的情况。在近距离观察时，设计师容易被过多的细节所误导，在感觉上夸大图案的强度。在实际的空间中由于距离拉大，图案并不明显。

（2）对图案的连续效果预断不足，在单一的样本上一个竖向的浪漫图案，在房间中经过水平延展后，变成了呆板的竖条肌理，完全不是最初的方向。

（3）看样本时由于角度或光线造成视觉差异，不少壁纸壁布由于表面的质感处理不同，在水平和垂直观察时效果差异极大。这种现象在高光、带有金属质感的产品上尤为明显；在水平观察时颜色很浅的表面，在垂直的墙面上由于光线照射角不同会变成另一种效果。

壁纸和墙漆是室内设计师在调节室内色彩时最有力的助手，因此对于壁纸使用效果的研究是需要不断进行下去的。设计师对于常见的壁纸材质和加工工艺也需要有基本的了解。

第 3 章

室内空间的构成要素

人对空间的感知并非来自空间的"尺寸"，而是"尺度"的概念在起作用。"尺寸"是指一个空间或物体物理性的绝对长宽高，而"尺度"则是一个相对概念。我们在谈城市尺度的时候，实际上是在说某个城市的建筑与街道、广场的比例关系；而空间的尺度则是指这个空间与在其中活动的人的比例关系。这两者的比例关系和谐，我们就会说这个空间尺度宜人。

在空间活动的人都是独立的个体，每个人对所处的空间都有自己的感受和判断。这一切首先基于自己的视觉观察。有趣的是人们对空间尺度的感知更多时候是借助对空间中的物体的观察完成的。一个没有经过长期训练的人（这里的训练是指建筑师、空间设计师等专业人员，在长期的工作中，通过不断对比观察各种空间取得的一种职业的观察技能。与普通人相比，他们能够更客观地判断一个空间的物理尺寸）进入一个空屋子时，会产生视觉深度上的错觉，对空间做出扁平的判断。所以这个空间布置了家具和陈设以后，人们会觉得房间变大了。之所以会有这种感觉，是因为人是通过观察空间中物体的相对位置、距离和光影关系来推导空间尺寸的。了解这个道理，对室内设计师而言尤为重要。许多设计师还存有误解，认为摆放的东西越少，空间就显得越大。其实房间中物体的多少与空间的视觉感受大小是一个相对的概念，合适尺度和丰满度的陈设会帮人更好地感知空间的纵深尺度。

人对空间的判断，除了空间自身的围合面在起作用，对空间中物体的观察也在起作用。同样，我们有时还需要变换观察的角度以矫正视觉偏差造成的误判，这也是有时候只凭借照片很难形成正确空间观念的原因。下面让我们来分析空间中的物体。

▲ *在宫廷建筑内部，奢华的陈设品因为珍稀的价值，在空间中有强烈的存在感，在它周围需要更多的缓冲空间。*

1　物体的尺寸感

在宫廷建筑内部，奢华的陈设品因为珍稀的价值，在空间中有强烈的存在感，在它周围需要更多的缓冲空间。

空间中的每一件物体都有其固定的物理尺寸，但设计师不仅需要关注它们的物理尺寸，还有其"视觉尺寸"。我们都知道，前进色在空间中的物品上能起到放大的作用，后退色则会让物品有缩小感。家具与房间的相对尺寸，以及家具与周围的背景色彩的相对变化，都会改变人的感受。简而言之：使用前进色使家具变大，室内空间变小。使用后退色使家具变小，室内空间变大。

对于室内设计师而言，家具和陈设品对空间的填充是一个重要的课题。我们时常遇到这样的状况：在一个房间中布置的家具尺寸是经过反复核对无误的，但实际布置完成后却显得拥挤而局促；有时候在一个角落摆放了不少的饰品，却依旧显得十分平淡空旷，这很有可能就是设计师对物品"视觉尺寸"的判断出现了问题。人类视觉与大脑紧密关联，让我们的生活经验不断参与视觉判断，一件家具可能因为各种不同因素而改变人的感知。体积、质量、价值和独特性等指标都可能会影响一个物体对空间的填充感和它所需要的缓冲空间。

家具和空间的尺度是相互影响的。一般原则是：

（1）大面积的空间让家具看起来变小，而小面积的空间让家具看起来变大。

▼ 椅子上高饱和度的红色与独特的金色框架在空间中显得非常突出。

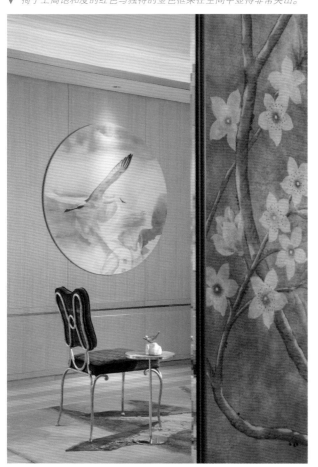

（2）大家具让空间显得小，而小家具让空间显得大。

缓冲空间与物体的体积、质量、价值和独特性有关系。体积越大，质量越重，价值越高或越特别的物品，对空间的填充感越强，在它周围需要更多的缓冲空间。一架立式钢琴和一面尺寸差不多的普通橱柜需要的空间是不同的，前者需要更大的空间才会显得不那么局促；而如果那是一架稀有的古典钢琴，则可能需要更大的空间，甚至占满整个房间才适宜。

以上特性是综合起作用的，具有这些特性的物体需要更大的领地，不能堆放在一起。由此我们可以了解，当你拥有一件非常珍贵的古董家具时，考虑摆放空间时不能只考虑空间的尺寸，而是要留出足够的缓冲空间，留出供人欣赏的合适距离来。当然在陈设师需要用不多的预算来丰满一个局部空间时，有足够设计感的造型和色彩独特的饰品、小家具都是不错的选择。

2　物体的视觉重量

上文提到物体表面的色彩和质感会给人不同的视觉感受。人的眼睛并不能感知重量，但是生活经验会使人形成许多对色彩、尺寸和重量之间关系的直觉判断。视觉信息传导进入大脑，相关的经验会被激活，从而影响我们的判断。

掌握不同色彩和质感给人们带来的视重变化，对设计师把握空间陈设整体的平衡感非常重要。在空间中不同尺寸和形状的物体，可以抽象概括为不同大小的色块，空间的和谐同时也是色块之间的平衡。

▲ 就有色彩的家具一样，一面彩色的墙也有重量感。一般情况下，饱和度高的前进色让家具和墙面变得更重，氛围更加热情；浅色和低纯度的灰色让家具和墙面变得更轻，空间的氛围则更为淡雅、轻松。

2.1　色彩的轻和重

　　色彩是有重量的，但颜色自身是没有重量的。"重"是一种主观意识，因而会随着周围环境以及观看者自身状态的不同产生个体差异。色彩与重量的关系，在室内空间设计中作用明显。一个空间，如果天花板采用明快的颜色，从墙面到床再到地板采用逐渐加深的颜色，可以制造一种稳定感，就会使人感觉安定。

少见的用铜皮包覆的床头柜，特殊的表面极具分量感，尽管其真实的重 ◀
量并不比普通的木质床头柜重多少。同理，这支床头柜的价值感也由此
特别的工艺做法而显得非常突出。（右上两图）

这是一个不大的琴房空间，设计师选择了冷静的灰蓝色调让空间显得不 ▶
那么局促，白色的吊顶采用最简单的方式避免引人注意。一架白色的
三角钢琴平衡了空间的重心，钢琴另外一侧是一对精致的古典款式的椅
子。通过合理的色彩选择，让这个空间简洁明了又不失趣味。（右下图）

布艺

皮革

毛石

木作

不锈钢

玻璃

▲ 在室内设计中，不同色彩和质感的材料带来的对比变化能带来打动人心的效果。图中这个角落里，毛石、木作、布艺、不锈钢和镜面、皮革等色彩质感穿插交融，显得丰富而生动。

2.2　色彩的触感

　　色彩也有触感，当然这不是靠触觉去感知的，而是靠视觉来感受。加入了亮灰色的色彩会有柔软的感觉，而混有黑色的色彩则显得坚硬。在室内设计中，不同色彩和质感的材料带来的对比变化能带来打动人心的效果，这是值得设计师深入刻画的细节。

3　物体在空间中的不同角色

每一个房间里都有着各式的家具、灯具、陈设装饰品等。这些物品在空间中分别扮演什么角色，彼此有着什么样的主从关系？理清楚了这个问题，就能得到一个生动得体、重点明晰的空间。是设计工作的关键所在。

一个生动得体的空间，往往很好地处理了物体间的主从关系，重点明确、清晰。上文中影响物体"视觉尺寸"的几个因素在这个环节仍起作用。一件贵重的艺术品往往会被安放在视觉中心处，这个时候物理上的绝对尺寸甚至可以忽略不计。这一点在珠宝和艺术品的陈列设计中最为显著，纽约上东区许多珠宝店里，都能看到一整面深色的墙面，只嵌入一个小小的展示柜，里头只有一枚戒指。一些名贵的时装店橱窗也会使用这种聚焦的手法，偌大的店面大面积留白，只在一面墙上展示最精品的几只高跟鞋，只为凸显其高贵。在这些场景中，照度的变化被放大，物体色彩

与背景色彩形成高强度对比，就好比舞台上的镁光灯一样，极大地突出了主体。

对室内设计师来说，判断空间中的主角并使其明确是相对容易的，美好的家具和饰品自有其引人入胜之处，难点在于如何处理好那些不可或缺的配角，如何在业主给出的预算条件下合理地分配经费。建筑中不同空间重要程度不同，在同一空间里也有主次角落，于是下面这些问题时常会出现：家庭厅的重点在茶几和书架上，那么如何处理难看的功能性沙发？如何避

▼ 在这个视听室中，设计师选择了低预算的家具，于是地面的满铺毯与功能沙发选择了接近的色调，巧妙地让沙发与背景融为一体。

▼ 这个预算充足的地下影音室里，贵重的功能性沙发成了空间的主体，凸显于背景之上，墙面也使用了部分红色的皮革饰面来取得呼应。

免因为沙发而破坏空间整体效果？这种时候，设计师可以先安排好空间的主角，如一幅亮眼的画作，或一件精美的家具，让背景和主角形成良好的映衬关系，再尝试调节配角的色调，让它们尽可能与周边环境相协调，融入空间大背景之中。在低预算的项目和空间中，处理配角与环境间的协调关系，往往才是设计工作的关键步骤。

▲ *左图：表现了一个人从楼梯走下来的镜头。右图：观察者可以意识到移动中的不稳定性。*

4　空间中的色彩平衡

把空间定义为视觉世界，在空间中，人站在一个点上，眼睛朝某个方向看去，反映到脑中的画面便是视野，代表人站在一个固定观察位置上所能看到的观察范围，是一个静态的画面。视野是视觉世界的采样，是有边界的区域。

商铺陈列和舞台布景就是基础视野，虽然它们都

有空间进深，有最佳的观察角度，但观察者是从外部观看，并不置身其中。而空间则是可进入的，我们可以从内部来观察一个空间，通过视野的观察和试验，可以获得视觉世界的很多信息。

对空间而言，并不存在最佳的观看视野和画面，空间中的色彩始终处于动态的平衡之中，这个平衡随

▼ *在这个别墅空间中，同一条轴线上出现的高差变化和光线的变化形成了丰富的空间层次。*

着人的活动、视野的变化而不断重构。讨论空间中的
色彩平衡，"空间"是前提，空间的基本形态和条件
是达成色彩平衡的基础条件，各个围合面与空间中的
物品皆为色彩的载体，空间中的色彩平衡，为以上各
个因素综合作用的产物。要创造一个稳定、和谐且平
衡的空间色彩环境，首要任务是充分分析空间本身，
从平面着手，沿着空间的动线寻找不和谐因素，力图
在创造色彩环境时修饰抹平空间的瑕疵。一栋建筑物
的色彩环境是一个整体，不能将各个空间割裂开来单
独分析。分析整体空间时，各种交通转折、缓冲带的
设置和采光等限定条件都是考量的因素。下面我们就
来分析影响空间中色彩平衡的主要因素。

墙面色彩的平衡性和协调性的建立，是一个综合思考的结果。通过室内
家具，相邻的色彩互相感染，这种现象增加了设计师色彩设计的复杂性，
但同时也为室内色彩效果增添了更多的趣味。 ▶

4.1 空间的自身条件

建筑物本身能给空间带来许多趣味因素，但不成熟的建筑设计也常常会对后期的室内设计带来问题。例如一个挑空的客厅空间，如果挑空的位置不合适，常见的是二层的挑空只占首层空间的一半，这就会造成首层的客厅空间一半是两层通高，另一半却只有一层，就会有压抑失衡的感觉。色彩设计能够通过在不同墙面施加不同重量感的颜色，来缓解这种失衡，达成视觉上的和谐。

◀ 为了减少建筑本身给人带来的空旷感和失衡感，我们在交通核心的电梯空间采用了高纯度的大红色墙漆来增加重量感，起到了很好的平衡作用。

◀ 尽管设计师通常会在采用简单明了的天花板设计，但在一些特殊的空间中，顺势而为也不失是一个好主意。在这个阁楼空间中，设计师采用灰绿色间白色的宽条纹来装饰屋顶，一方面减少斜屋顶的压迫感，另一方面也为这个空间带来些许活泼的度假情调。

4.2 围合面的条件

墙面在色彩背景中占有最大的面积，通常也是设定色彩环境首要考虑的部分。由于人在室内通常会同时观看不止一个立面，所以墙面的色彩与平衡是由展开的立面决定的。立面上的各种洞口（门窗、垭口等）会给空间带来不同的光线变化和对景关系，在规划立面色彩时，这些洞口的视觉作用常常容易被忽视——当视线穿过洞口，另一个空间的色彩会被引进来。当你站在一件米色的客厅中，透过门洞看到另一侧的蓝色书房，那这抹蓝色就成了客厅色彩环境中的一部分。

建筑物的室内空间色彩是一个完整的体系，每个子空间既相互独立，又互相影响。光线的漫反射会带着色彩从洞口溢出，影响相邻的空间，设计师是无法孤立地处理空间色彩的。

墙面色彩除了提供背景色之外，也对环境有许多修饰的作用。在东南朝向、有着大窗户的房间里使用相对深色的墙面和木作，可以有效降低眩光的刺激；一面深色或纯色的墙，能够提供足够的分量感，来平衡空间中诸如三角钢琴这样的大物件；立面上色彩的梯级明度变化可以提升或压低空间，改变人们的感受。

地面通常需要给予空间足够的稳定性，所以在设计住宅室内时，设计师总是要谨慎处理地面的图案，避免过于强烈的对比和立体感给使用者带来困扰。特别是在面积较小的空间中，地面上强烈的色彩对比和花哨的图案会让空间显得局促狭小，但如果是家庭娱乐活动空间，就可以使用强对比的色彩和图案来丰富视觉，对空间进行有趣的装饰。当然，后一种做法更与客户的年龄、家庭结构和承受度有关。

特殊效果是把双刃剑，在天花的设计上尤为明显，所以大部分设计师在设计天花时，还是会选择比较稳妥的方案。

4.3　空间中家具、陈设的平衡

空间中物品的平衡关系，就是依据家具、饰品等物品的尺寸、色彩、重量等，排布成一个稳定、均衡的场景。在实际工作中，这种平衡无法用简单的"平均""对称"原则来达成。房间的使用功能、动线安排等因素时常会将四平八稳的布局打乱，这时候就需要设计师综合运用色彩知识来找回视觉上的平衡。一个色彩高纯度或者图案大胆、造型特别的单椅，就有可能以视觉上的重量感来与一个中性色调的三人沙发达成平衡。

空间中物体的平衡关系是相对比较容易理解的概念，也就是照顾家具、饰品等的尺寸、重量等，希望布置成一个稳定、均衡的场景，但在实际的工作中，这种均衡常常不能简单地依靠一些平均、对称的原则来达成。房间的使用功能、动线安排等时常会打乱四平八稳的布局。这个时候，设计师就需要综合地运用色彩知识来取得平衡的效果。一个色彩纯度较高或者图案大胆、造型特别的单椅就可能以它的"视觉重量"与一个中性色调的三人沙发取得平衡。这是一个游戏，我们追求的是通过布艺、饰品、植物给空间带来富有生机的平衡。在这个环节中有几个关键的技术要点。

关于色彩平衡的理论比较多，如颜色的冷暖、深浅、轻重等平衡理论。针对室内色彩设计，有两个理论对我们最重要：

（1）镜像平衡

当一组色彩组合被倒映在一面镜子里，镜子里的色彩组合影像是百分百的镜子外的色彩组合。因为镜里镜外的两组色彩组合左右对称而形成视觉平衡感，产生心理上的稳定性。在镜像平衡的图像里，总能找到一条无形的中线将画面均分。中线犹如镜子，镜子内外的景物无论是造型还是色彩，都能准确无误地以其平衡对称地展示在我们眼前。

▼ 如图所示的镜像平衡普遍存在。

▲ 在室内陈设的实际工作中，非镜像平衡是最常见的。镜像平衡虽然操作起来简单，但是容易给人呆板的感觉，更多时候设计师希望达成的是一种更有趣的平衡方式。

活跃气氛、增添情趣。非对称的平衡，可以参考写生课上的静物摆放，从多个角度观察都能获得美好构图的静物，总是能够激发我们的创作热情，这样一组静物的摆放是需要经过推敲的，室内设计的陈设布置也是同样的道理。

（2）非镜像平衡

一组影像（图案、造型及颜色）非百分百重复地倒映在镜子里形成不对称感觉的同时，两边影像（图案、造型及颜色）仍然具备稳定的视觉平衡力。与镜像平衡相比较，非镜像平衡在视觉上效果更为生动、有趣，但也产生视觉冲突。这类色彩之间的特性就是非镜像平衡法则。

镜像平衡实际上是一种对称平衡，对称是人类最原始的审美原则之一。在大自然中，植物、动物甚至人类自身都处处体现着对称美。镜像对称适合表现庄重、宏大的礼仪性空间，可以很好地烘托威严、崇高的空间气质，但是这种空间也容易变得保守、呆板，缺乏生活情趣，于是在各种日常生活场景的设计中，设计师们总是试图打破镜像对称，用非对称的平衡来

▲ 这个男孩房的主力墙布局借助一组黑白照片实现了非对称平衡。

▽ 书桌上方的照片使空间达到非对称式平衡，一旦照片被移除，就打破了非对称式平衡。

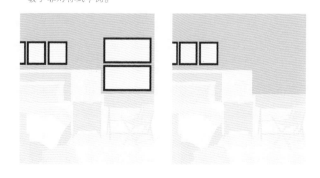

4.4　空间的丰满与构图

　　适当的丰满度，是室内陈设布置的理想效果，既丰富又不能太拥挤。在一些商用空间或者样板间，为了视觉效果，可能需要"满"一些的布置，但是对于居住空间，这种"满"在长期使用中往往会带来疲劳感。在保证空间丰满度的前提下，设计师需要组织好家具、饰品的构图关系，达成空间效果的平衡。许多有经验的设计师会在工作的最后一个环节进行"减占"，在已经布置完成的空间中环视检查，撤下所有自己觉得不必要出现的物件。

4.5　色彩的和谐

　　在设计空间的过程中，设计师要不时地把自己从各种具象的物件中抽离出来，只看到色彩和质感，检查色彩是否均衡。

　　空间色彩变化的几个要素，与音乐的变化有着相似之处。在音乐创作中，作曲家通过控制曲调、节奏与和声这几个维度的组合与变化，能够创作出无数种声音；而设计师通过改变色相、色调的参数，控制色彩的对比关系，同样能创作出丰富的色彩场景。也就是说，感性的创作与理性的分析手段，如乐理、色彩参数体系，是相辅相成的，有着必然联系。

◀ *设计师运用统一的色调将各种形式的家具、饰品和中国的图案融合在一起，形成丰富而又协调的画面，很有技巧地将视觉中心引向最为引人入胜的江南园林庭院空间。*

▲ 色彩、造型、质地特殊的小件家具或饰品或花艺往往能起到衬托的
作用，可以一当十。用好了，一件小物件就可能有效地取得需要的
平衡，有效地避免陈设的堆砌和凌乱。

4.6 特殊物品的作用

在整体的色彩氛围之下，一些色彩、造型和材质比较特殊的小件家具或饰品往往能起到画龙点睛、以一当十的作用，使用得当便能令空间达成平衡，有效避免陈设的堆砌与凌乱。

这些小物件通常有以下特点：

（1）色彩纯度较高；

（2）高光或镜面的表面材质；

（3）金属、石材等高密度材质；

（4）特别的造型；

（5）具有艺术价值的小物件，雕塑、习作等。

拉斯姆森在阐述不同材料的肌理和质感带来的不同效果时提到，包豪斯学院曾经通过让学生反复触摸不同表面光洁度的木板和纸张来锻炼学生对质感的敏锐度。对室内设计师而言，体会和了解不同材料和质感的特性是重要的必修课。同样是反射性表面，使用金属、玻璃、石材和高光油漆的效果相差甚远，光线对材料本身和涂装的穿透程度会带来表现上的差异，有时也决定了视觉效果的传达。

4.7   物体的视觉深度

"一间有家具配置的房间看起来比一间空房间大，因为房间内的物品影响观者对空间的感觉。"

—— *玛丽 . C. 米勒*

色彩有一种互动性，它能够以此来定义物体并表现深度和距离。但色彩不是最基本的信息，所以不能依靠它来识别环境中的物体，也不能依靠它告诉你所要去的地方。三维建筑物内部是一个有限制的视觉世界，它包含着你所有的视觉范围。视觉深度让你可以看到房间的边界线，同时让你体验房间的大小和比例。视觉深度让你识别家具装置的外形，它们彼此之间的距离和与你的相对距离。当你在房间内走动时，你会发现物体也在背景之前移动。一间有家具配置的房间看起来比一间空房间大，因为房间内的物品影响你对空间的感觉。

没有视觉深度，物体显得扁平，景色也会像墙纸一样。没有视觉深度，你就不能从背景中把物体分辨出来。但是这个识别过程是很自然的，在不知不觉中，你就完成了物体方位和距离的辨认。

光线有时候决定了我们对物体的观察和理解。假如我们背光面对一个墙角，墙的两个受光面几乎会变成一个统一的平面，这时候我们只能通过墙面与地面的透视关系来分辨空间的转折。自然光与人工照明的角度与照度，有时也能极大地影响我们对空间和物体的视觉感知。

第 4 章

对于色彩的观察与分析

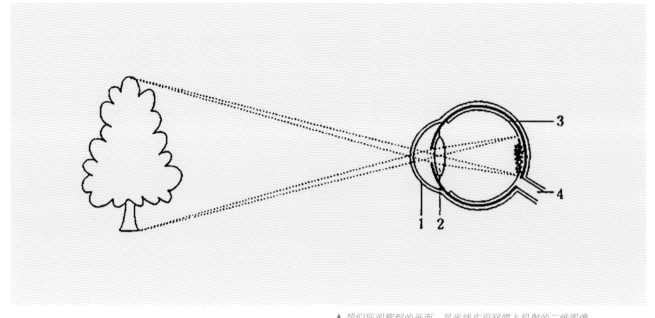

▲ 我们所观察到的画面，是光线在视网膜上投射的二维图像。

设计源自生活。设计师的灵感可以有无数种来源，但无一例外要凭借细致入微的观察能力来发掘。一只蝴蝶在某时间飞过某人眼前，当年的色彩流行趋势可能就会受到影响。设计师们总是不断地从生活中挖掘，不同的地域、时间、文化的片段组合都能成为启发。

我们所观察到的画面，是光线在视网膜上投射的二维图像。画家所做的工作，是通过自己的观察和理解，把对三维世界的感受表达在二维的画面上；而建筑师和室内设计师做的工作则是反过来的，是在二维的工作界面上研究三维的空间效果，所以在二维画面与三维空间之间搭建桥梁是设计之初的重要功课，而室内设计师要做的工作就是结合业主的需要和自己的感受，利用二维的手段分析空间，最后呈现在三维的现实空间中。于是，反复快速地让自己的想法在二维画面与三维空间想象之间转换就成了设计师工作的常态，而这种转换能力的熟练与否，决定了设计师的思路是否连贯、顺畅。对空间的分析能力、总结概括能力是设计师重要的基本功，要不断地总结和训练。

本章我们提供一种学习方法供参考，希望可以帮助初学者实现从二维的画面感逐步向三维的空间感过渡的思维习惯，并服务于未来的思考和创作。这种方法对很多习惯于感性做设计的设计师而言，也是一种很好的补充手段，可以让自己的设计过程更为逻辑化。初学者在这个环节主要需要解决的问题是：

（1）观察分析空间色彩环境；

（2）从具象的空间中提取配色方案；

（3）将提取的成果再创作；

（4）利用色彩原理变化色彩效果。

1　观察分析空间色彩环境

室内设计师工作的对象是空间，是会随着观察者的移动不断变化的。我们要用什么样的方法来研究空间？最常见的方式是：将空间切片，成为画面来分析。

歌德写道："艺术并不打算在深度和广度上与自然竞争，它停留于自然现象的表面；但是它有着自己的深度，自己的力量。它借助于在这些表面现象中见出合规律性的性格、尽善尽美的和谐一致、登峰造极的美、雍容华贵的气氛、达到顶点的激情，从

▲ 视觉焦点：我们所观察到的画面是光线在视网膜上的投影的二维图像。这些面连续起来就能形成动态画面，而在一个空间中，不管站在哪个角度视觉焦点总是能抓住我们的视线。

▼ 电影《辛德勒的名单》画面利用色彩差，可以使视觉焦点高度集中。

▲ 基于空间轴线获得的代表性画面

▲ 基于空间动线获得的代表性画面

而将这些现象的最强烈的瞬间定型化"。这种对"现象的最强烈瞬间"的定型既不是对物理事物的模仿也不只是强烈感情的流溢。它是对实在的再解释,不过不是靠概念而是靠直观,不是以思想为媒介而是以感性形式为媒介。

——恩斯特·卡西尔《人论》第九章

　　设计师研究空间色彩,要用二维的手段来分析画面。第一步需要我们找到分析的"材料",即形成画面。试想每当我们进入一个空间,我们的眼睛就在不断地转换视角进行观察,如果在这一帧一帧的画面中定格那些最具有代表性的视野,就可以视作完成了对空间效果的画面定格。这里所说的代表性视野,通常会将观察者的视角定位于空间的轴线或动线上,基于这两条线获得的画面,最符合人在空间中运动、静止时的观察规律。定格下来的代表性空间画面,可以作为空间色彩构成分析的基本素材。空间摄影师的主要工作就是去发现那些最能够展现空间设计师设计意图的代表性角度,并且在特定的光线、情景下定格画面。我们游走在让自己陶醉的空间场景中时,也时常会被一些特定的角度吸引住,这些角度的视野,就是我们分析和研究空间色彩关系的最佳角度了。最佳角度的选取,就像研究人员选择标本上的切片一样,是有一定技术难度的。通常来说，选取典型角度能够简化工作。典型角度来自主要动线，或者朝向室内的视觉中心，不一定总是看得最全的角度。拥有了画面之后，接下来是针对画面作出客观的分析，并最终得出分析成果。关于观察，哲学家会告诉我们即使是出现在同一个地点，每个画家都能看到不同的风景，完成风格迥异的作品，这一点历史上已经被无数画家证实过。

画家路德维希·李希特（Ludwig Richter）在他的自传中谈到他年轻时在蒂沃利和三个朋友打算画一幅相同的风景的情形。他们都坚持不背离自然，尽可能精确地复写他们所看到的东西。然而结果是画出了四幅完全不同的画，彼此之间的差别正像这些艺术家的个性一样。从这个经验中他得出结论说，没有客观眼光这样的东西，而且形式和色彩总是根据个人的气质来领悟的。甚至连一种严格而彻底的自然主义的最坚决拥护者们也不可能忽视或否认这种因素。

——恩斯特·卡西尔《人论》

每个人对同一场景的观察都带着主观色彩，眼睛看到的是现实，但当视网膜的图像经过传导进入大脑时已经被自动筛选和过滤过了。我们看到的实际上往往是我们想看到的，换言之是外部影像在自己心中的映射，是来自于客观现实但却不是完全反映现实的结果。对艺术家而言，这种因个性而生的差异会被主动接受并放大，支撑他们的创作。但设计师更多时候需要跳出自我，对现实作出客观的分析，所以掌握客观观察与分析空间的技能，对设计师来说非常重要，需要一些必要的"笨"功课来锻炼这项能力。

2　从具象的空间中提取配色方案

客观分析阶段。在课堂教学中，我们要求学生用电脑软件将图像网格构成处理，把具象的图像变成网格色块，然后对色块的构成进行统计。用这种方法来分析空间色彩的构成、背景色和主题色所占的比重、不同颜色在室内环境中的自然过渡和变化。在这个过程中，我们并不规定统一的统计方法，而是鼓励学生按照自己对画面的分析来进行统计。每个学生采用的分析方法各不相同，分享和比对不同的分析方法和结果给了大家更多的启示。通过练习会发现之前有一些观察结果甚至和分析结果相反。我们都容易被惯性思维误导，比如在一个柔和的空间中，观察者更容易被明度和纯度更高的主题色或者点缀色所吸引——事实上这些颜色往往决定观察者对整个空间色彩的认知。在一个空间中，明亮的红色往往会决定这个空间的性格，但色块统计告诉我们高纯度和明度的红色作为点缀色，在整个空间中所占的比重其实是极小的，而大量柔和的灰调背景色才是画面的主体。背景色、主题色、点缀色的比重和这些色彩之间的平衡关系往往是初学者在设计中面临最大的问题，而这些分析练习，可以让学生更好地认识空间中各部分色彩的协调关系。

我们试图引导学生通过自己的分析总结出规律，指导未来的设计。

这个阶段最后的作业，是根据上一阶段的色彩分析结果，用同等或接近的色彩关系重塑一个新的画面，表达不同的情绪和情境。这个阶段，每个学生都将发挥自己的个性进行创作。

3　将提取的成果再创作

在完成了前面一系列练习之后，我们得到了实例空间中的色彩关系构成、比例以及这个色彩构成所形成的一种空间氛围。

下一步的练习，学生要尽可能地按照前面的分析结果使用这些色彩，用同样的色彩关系重组新的画面，完成一个装饰品、画面、毯子的图案等的设计，同时这些新的产物，与原先的范例空间具有相似的气质或情绪上的关联。这是为了在更复杂的场景中使用这些色彩做准备，让学生发掘这些色彩之间的相互关系以及色彩与情绪表达之间的关联。

通过这些简单的色彩提取和再构成练习，学生完成了从图像中提取色彩、理性分析色彩方案到将方案运用到新设计中的过程。这样的分析和运用的过程，其实是室内设计师日常对灵感搜集、案例分析总结以及再提升运用过程的尝试与实践。在未来的熟练工作中，这个过程常常只是面对一个画面凝神思考的几分钟，但是在学习的过程中，尤其是对于初学者，这个过程有必要严谨地进行实践练习。看似繁复的分析过程，其实可以有效地暴露出感性观察容易产生的判断偏差，帮助初学者增强对空间色彩环境的认识。

完成色彩分析和画面重构的作业之后。新的任务是将前面提取的色彩构成方案放入新的空间。室内设计及陈设专业的学生需要不断练习和加强空间色彩设计和运用的能力，这也是本专业色彩学习的重点内容。我们在室内设计专业三年级上学期色彩教学中插入了为期两周的空间设计课题，要求同学们完成一个 6 米 ×6 米 ×6 米的居住空间设计，包括在一周内完成主要空间设计；再用一周的时间完成图纸、模型和建模的工作；最后用前面色彩分析的结果，完成这个小设计中一些代表性空间的色彩环境设计。工作的内容包括：

（1）运用前期作业的成果，在不同的空间中还原色彩环境；

（2）进行背景色和主题色的互换设计；

（3）通过改变色彩的明度、纯度实现不同的效果；

（4）在色彩环境中加入质感、图案的变化等内容。

这一系列练习的目的是将色彩设计与空间设计相结合，培养学生在三维的空间场景中思考色彩设计的习惯。为了便于学生掌握空间的尺度，前期学生会先完成简单的空间设计，同时要求他们完成计算机的建模和实体模型的制作，以实现对空间的强化理解，之后

所有进一步的练习都在学生自己构建的空间中完成，在色彩设计的同时还能继续完善和丰富自己的空间设计。

这个作业帮助刚进入专业学习的学生获得入门训练，强化之前在基础部所学到的建筑空间、透视、色彩构成、计算机软件操作等技能，让学生发现之前学习中的盲点，有助于学生塑造好的工作习惯。

4　　色彩设计工作的方法

（1）从分析和设定空间的整体色彩环境入手，确定整体环境的色调以及主要的背景色、主题色和点缀色。

（2）在复杂空间的设计中首先设定整体的风格与色调关系，然后设定不同空间之间的色彩变化与协调关系。同时分析哪些空间之间的联系紧密，存在色彩的相互渗透；哪些空间相对独立，自成体系。

（3）进入每一个独立空间的设计中，首先控制色彩比例、关系，然后加入质感、图案等内容不断地丰富和深化设计，直至最后完成整个设计过程。

附：学生作业。* 作业周期 4 ~ 6 周

作业一：

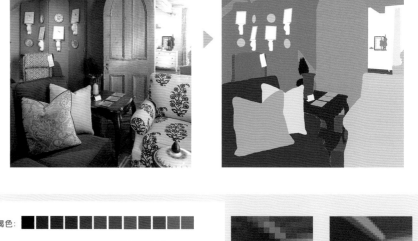

将参考空间的颜色进行归纳，提取出每
个部分本身的固有色。

将质感和纹样的元素加入进来，分析其
对颜色的影响效果。

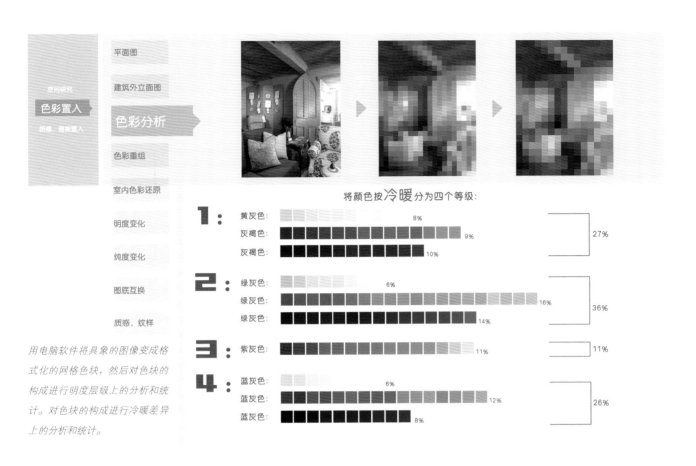

用电脑软件将具象的图像变成格式化的网格色块，然后对色块的构成进行明度层级上的分析和统计。对色块的构成进行冷暖差异上的分析和统计。

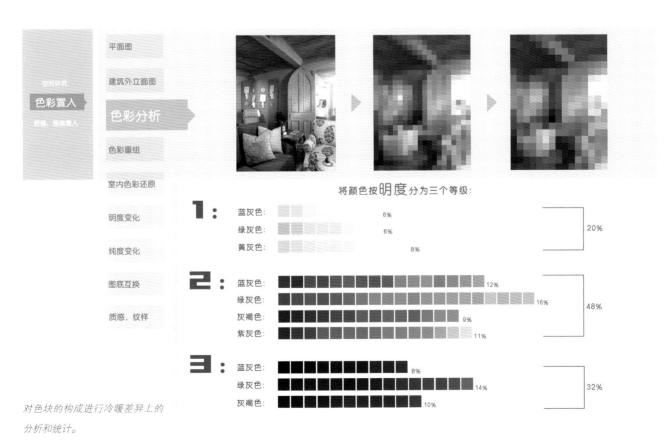

对色块的构成进行冷暖差异上的分析和统计。

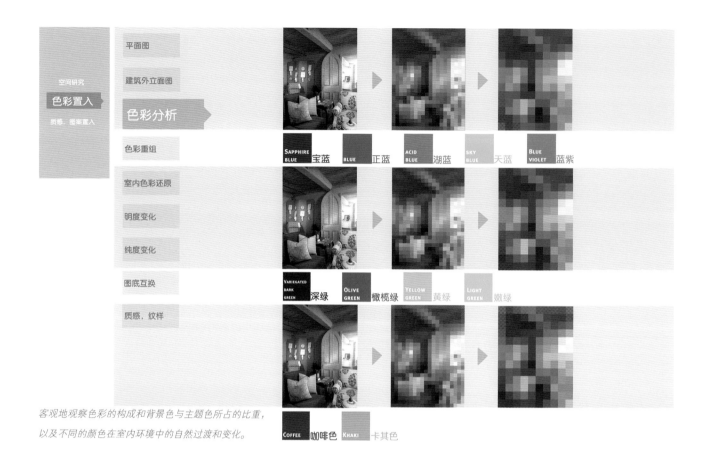

客观地观察色彩的构成和背景色与主题色所占的比重，以及不同的颜色在室内环境中的自然过渡和变化。

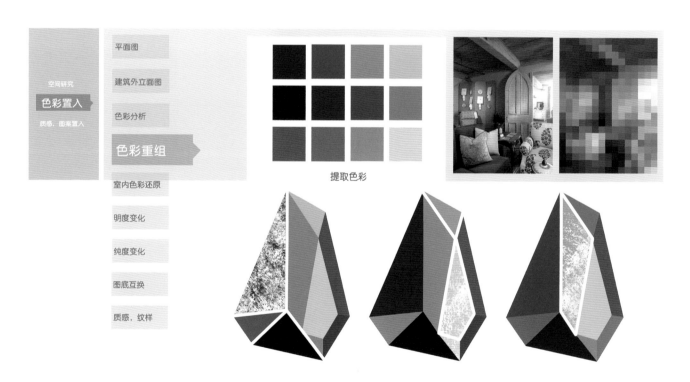

提取色彩

JEWELRY

将质感和纹样的元素加入进来，分析其对颜色的影响效果。

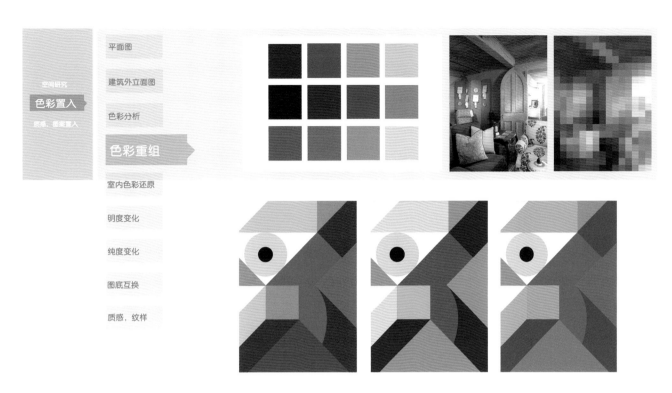

FISH

用前面对一个特定空间的色彩分析结果，用同等或接
近的色彩关系构成一个画面 ——— 鱼形图案。

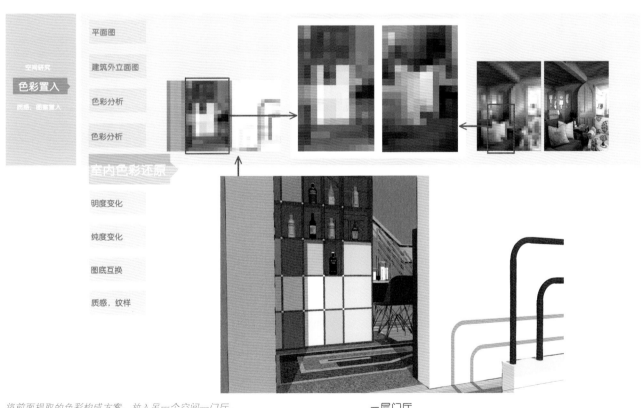

将前面提取的色彩构成方案，放入另一个空间—门厅。

一层门厅

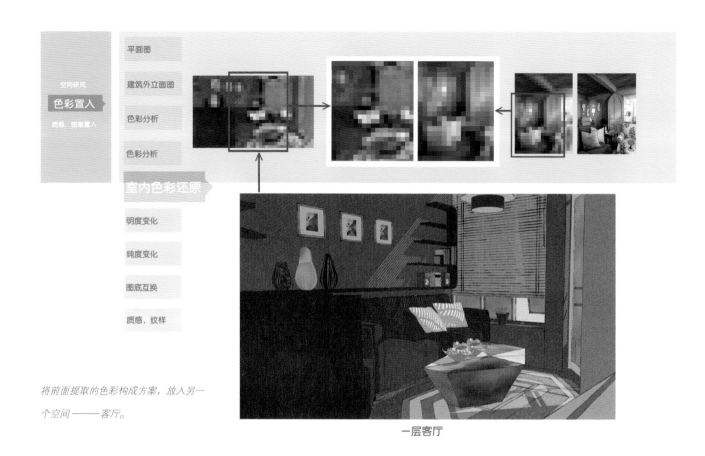

平面图

建筑外立面图

色彩分析

色彩分析

室内色彩还原

明度变化

纯度变化

图底互换

质感，纹样

将前面提取的色彩构成方案，放入另一
个空间——客厅。

一层客厅

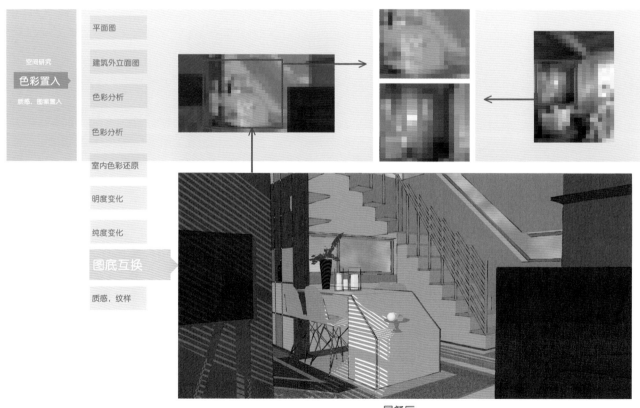

平面图

建筑外立面图

色彩分析

色彩分析

室内色彩还原

明度变化

纯度变化

图底互换

质感，纹样

一层餐厅

作业二：

色彩分析

原图

马赛克处理

色彩数据提取

变调实验

原图填色

冷色调

暖色调

粉色调

蓝色调

绿色调

分层色彩分析

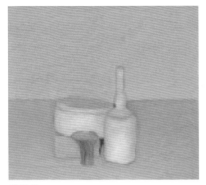
莫兰迪

维亚尔

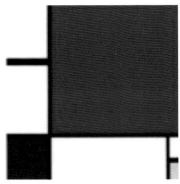
蒙特里安

远景色　　　　　　中景色　　　　　　前景色

空间重点与平衡关系分析

黑白对比度重点

空间三角稳定关系

作业三：

色彩分析

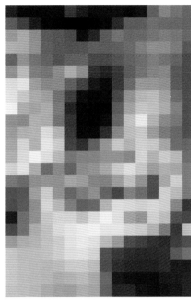

原图

马赛克处理

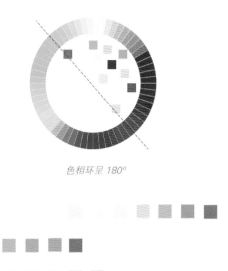

色相环呈 180°

色彩数据提取

色彩比例提取

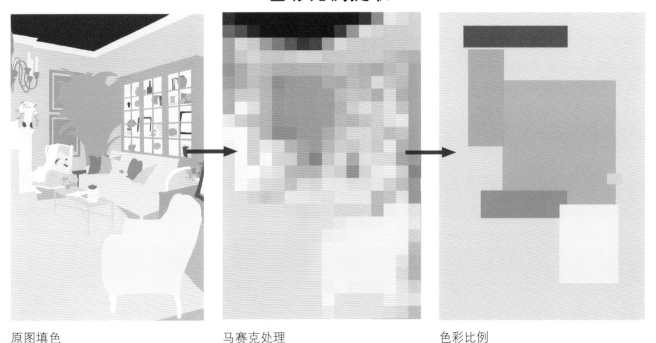

原图填色

马赛克处理

色彩比例

黄色为主，绿色和粉紫色点缀

变调实验

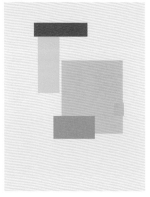
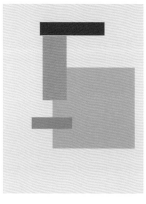

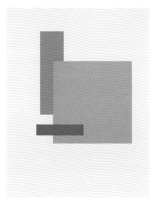

纯度增加　　　　　　　　统一色相　　　　　　　　色调转换　　　　　　　　对比增强

同一色彩的不同质感

材质颜色提取

色彩分布

绿

绿色在画面中主要集中在较大面积的植物上。除此之外，在书柜中不同摆件也有所体现，疏密有致。

黄

黄色主要体现于前后两小沙发，并且一冷一暖稍有变化。

橙

橙色以较低的纯度大面积用于背景色。同时以较高的纯度体现在书柜、吊灯、边几等。

粉 / 紫

粉紫作为点缀色集中在沙发的靠垫上，花卉以及远处纯度较低的布衣小凳与此呼应。

色彩空间还原

原图填色

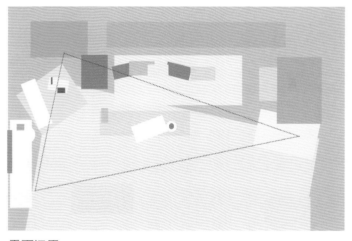

平面还原

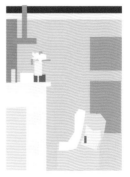

立面还原

作业四：

色彩分析

原图　　　　　　　　　　　　马赛克处理　　　　　　　　色彩比例

这是一组简洁明快的色彩设计，通过面积分析可以发现，大面积的浅灰色控制基调，第二大面积的黑白色块加强对比关系，最终衬托出少量的橙、蓝、绿色块，使整个画面跳脱活跃起来。

色彩关系

原图填色　　　　　　　　第一组色彩关系　　　　　　　色环关系

画面中以一组橙蓝补色为核心展开，在色环上的位置大约呈 163°，色彩关系强烈，且通过上页的面积分析可知，这组颜色的面积几乎相同，在视觉上将对比关系拉到最大。

第二组关系是蓝绿色的临近关系，在色环上的位置大约呈 87°。两侧的蓝色块联系着同一层次顶部的绿色块成为第一组邻近色关系；有层次的绿色块背景色成为第二组邻近色；左侧画上的浅绿色块与背景色互相呼应，视觉上更加统一。

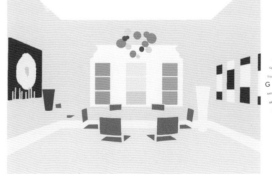

第二组色彩关系　　　　　　　　　　色环关系

第三组关系是蓝绿色的邻近色关系，两侧蓝色块与上方绿色吊灯相关联，在视觉上呈现倒三角的效果，与第一组的对比色相互拉伸，在构图上起到平衡作用，同时在色彩上呈现补充关系。窗外灰绿色与两侧蓝色块也是一组蓝绿邻近色关系，在视觉上呈水平延伸感，中和了蓝橙对比的冲突，很好地利用了窗外环境营造出色彩上的平衡。

第四组是位置关系上为平衡状态，左侧的黑色块将重心压低，右侧的白色块高过左侧，经长条给予视线上的拉伸，呈三角稳定构图。左侧黑色块上再给予同样高度的白色块辅助平衡，同时以点线状呼应下方的黑白线面。

两侧的后退色关系，大面积的黑白，加以金属黄点缀，均为中性色，与浅灰色的背景基调较好地融为一体，同时黑白配色加强对比，在后退的同时给予一定程度的跳脱，很好地控制了画面层次关系。

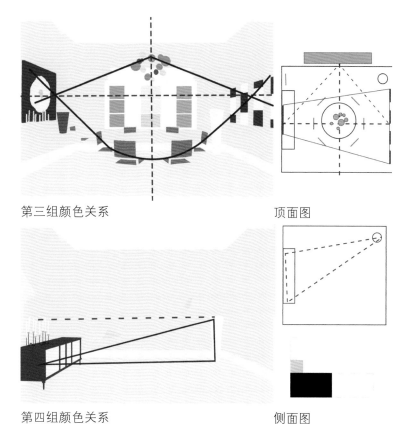

第三组颜色关系　　　　　　　　　顶面图

第四组颜色关系　　　　　　　　　侧面图

变调实验

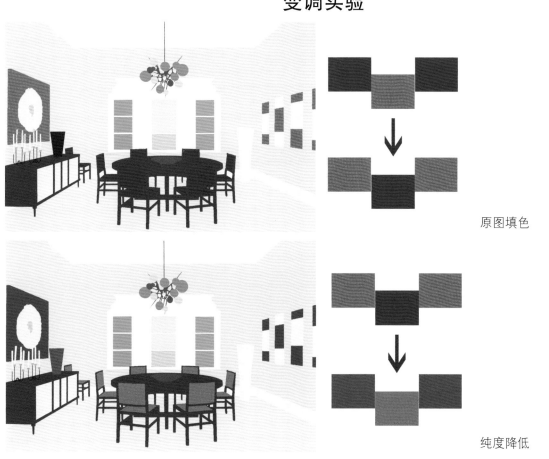

原图填色

纯度降低

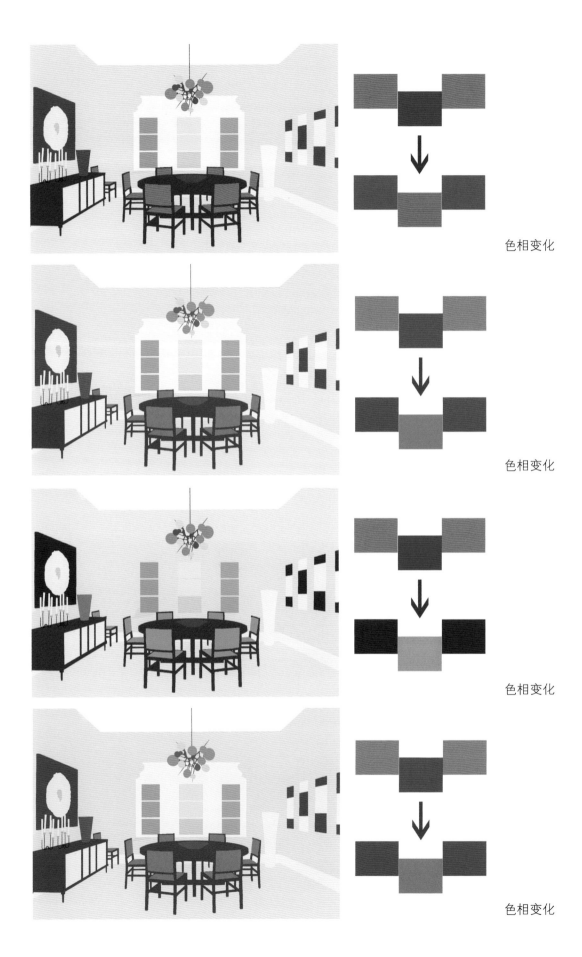

色相变化

色相变化

色相变化

色相变化

黑白关系

在黑白关系上，色彩对比最强的一组同样也是黑白关系对比最强的一组，位于两侧的色块明度对比最强烈，弥补了冷色在视觉上弱于暖色的问题（后退感更强），成为与中心位置相抗衡的第二视觉中心。位于中心的色块明度相对最低，压低了画面重心，呈现三角形构图，给予画面稳定感。

第二组关系为底部桌椅、顶部吊灯、背景窗户产生的中轴对称式黑白关系。底部色块明度最低，视觉效果最强，顶部的吊灯的明度对比很好地中和了这种底部的厚重感，对视线起到了拉伸作用，背景的中间明度关系则起到了很好的过渡作用。

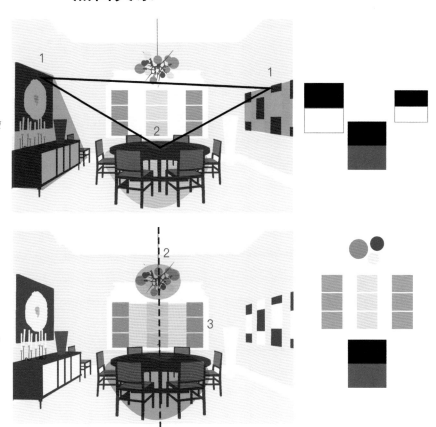

形状与结构

这张色彩设计的几何构成感极强，通过分析发现，所有的色块几乎都是方与圆的组合，方与圆的穿插使得画面更有活力，不同形状大小的方与圆自身协调起了画面节奏感。

除去几何构成关系外，它的点线面关系也十分丰富，在明亮的几何面状色块之上加入了中性色的线性元素，如灯的支叉、桌椅腿、左边的细长烛台以及远景花瓶的细纹路，此外又有点状元素点缀，如烛台的金属托，灯的小灯泡，左侧画上的画芯。这些点线元素在不破坏大色彩关系的前提下很好地活跃了画面。

作业五：

色彩分析

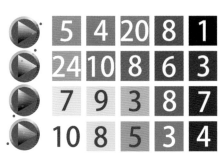

原图　　　　　　　　　马赛克处理　　　　　　　　色彩数据提取

变调实验

原图填色　　　　　反相填色　　　　　高饱和度　　　　　低饱和度

原图填色　　　　　灰度对比度　　　　灰度对比度　　　　灰度对比度

变调实验

原图填色

中心色颜色调换

纯度增加

纯度降低

蓝色调

粉色调

作业六：

色彩分析

原图

原图填色

将整体饱和度降低，以达到和谐的色彩关系，整个画面内的色彩丰富，却在同一灰度内，有一种古典油画的色调。

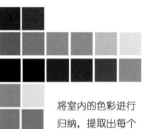

将室内的色彩进行归纳，提取出每个部分本身的固有色。

颜色提取

马赛克处理

材质颜色分析：布料 / 木材

调节画面的中性色，主要集中在画面的视觉中心以及作为背景的后退色。	
灰褐色作为画面主色调，占的面积最多，会有小面积的点缀色呼应整体的色调。	
冷色为画面中视觉中心的点缀色。	

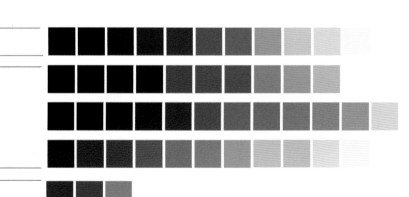

颜色归纳

色彩三角关系

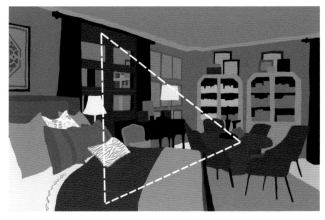 

在画面中三个大面积暖色块形成三角形关系，稳定画面的主色调用暖棕色来形成安静沉稳的基调。

较小面积的重色色块形成的是与画面稳定不同方向的倒三角关系，反而能与暖色三角穿插形成更稳定的构图。

变调实验

反向变调

高饱和度变调

明度对调

高明度对调

第 5 章

设定室内空间色彩主题

我们生存的空间本身就是一个缤纷的色彩环境，色彩环绕包裹着我们。室内空间的色彩环境是人生活环境的重要组成部分。色彩环境与其影响是客观存在的，它关系着我们每一个人的身心健康，也影响我们的行为和情感。好的色彩环境可以让我们与环境和谐相处，身心愉悦。

室内设计师的工作与平面产品设计师的最大不同，就是我们的色彩运用并不限定于某一个平面或某一件产品。三维空间中的色彩环境随着人的进入与移动、视野的变化而不断变化。我们常说室内设计师的工作就是创造视觉体验，而色彩为我们提供的诸如冷热、前后、轻重等感受，可以帮助人们更深入地了解空间的属性，在空间中不可或缺。

▲ 色彩充斥着空间，色彩环境随着人的进入与移动、视野的变化而不断变化。

1 影响空间色彩环境设计的因素

这是一个复杂的话题。能够对空间色彩基调施加影响的因素很多，在不同条件下，这些因素的主从关系也会有所不同。对普罗大众来说，设计的魅力也许在于最终成果千变万化的外在形式，但一个好的设计总是开始于对客观条件的了解，对功能、地域、气候、人文等环境制约的理解与发现，因此对设计师而言，在客观需求和制约条件的限制下，创造性地解决问题的过程才是设计最富魅力的部分。当我们试图分析一个空间，并设定色彩方案的时候，了解客观需求和制约条件总是工作的第一步。本章所阐述的若干种因素，在通常情况下的空间色彩环境设计中，都是设计师需要充分考虑的制约和需求。

1.1 建筑的功能用途

不同建筑不同的功能往往带来不同的色彩氛围需求。法院的室内环境要突出严肃、公正；医院的色彩环境要突出安静、祥和；娱乐场所则需要热烈、欢快的气氛。这些建筑空间不同的使用功能决定了它们需要不同的色彩氛围，而具体的色彩搭配与设计则是下一步的工作。

需要注意的是，不同性质的建筑使用色彩的阈值是不同的，换言之在处理不同使用功能的建筑时，设计师使用的色彩选择范围和强度是不同的。例如相比娱乐空间，文教卫生建筑的色彩强度要小得多，室内环境的色彩纯度需要降低，色相和色调变化的范围较小；同样是文教卫生建筑，托幼建筑的色彩使用阈值又会大一些，以配合儿童天真活泼的个性。

▲ 机场环境要突出现代与高效，医院环境则要突出安静、祥和。

▲ 文教卫生建筑的色彩强度要小得多，室内环境的色彩纯度需要降低，色相和色调变化的范围较小。

▲ 近年国内不同类型的建筑空间内部色彩运用水平均有大幅提高。

1.2　使用者

　　建筑空间的使用者画像，是设计师规划空间色彩环境时思考的另一个出发点。对空间使用者的分析同时存在着多个参考坐标系，人群的年龄、性别特征、文化水平、职业等，都会影响人对环境的接受程度、视觉差异和欣赏习惯。

　　比如居住空间的室内环境设计，在一套住宅中，居住者显然是主体。主人和家人的生活阅历、文化教育水平和职业特点等，都是设计师要考虑的因素。

　　年龄会给人带来生理和心理上的变化，这是设计

▲ 采光条件良好，色调清爽的老人卧房。

▲ 伦敦地铁路线标准色彩

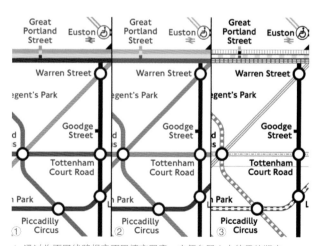

▲ 通过为不同线路规定不同填充图案，方便色弱人士使用的版本

①：标准色彩 ②：色盲患者眼中的色彩 ③：通过填充图案增强识别
度的方案

师需要考量的重要因素。例如由于年龄增长带来的视力退化，老年人的眼睛对光线和色彩的感知度都会下降，这导致老年人会觉得周围环境较暗、蓝色与黑色难以分辨等。考虑到这些制约，设计师在为老年人的生活空间规划色彩基调时，应提供更为明亮、清爽的环境，各种标识的设计都应该增强明暗对比度。很多设计师在设计标识时，往往只注意到了色相的变化而忽略了明度的变化，殊不知老年人和色弱障碍者往往难以辨别色相不同但明度接近的色彩。

关于特殊的使用人群，设计师还需要考虑到空间的视觉安全问题。对于拥有健康视觉的人群而言，视觉是我们观察空间时的主要途径。我们所设计的空间，往往要提供给各种不同的人群使用，因此视觉安全永远是一个职业设计师的重要课题。所谓视觉安全，主要是指提供给使用者一个安全、明确、客观的空间，避免因色彩、图案等容易形成的视差和错觉给使用者带来不便或伤害。

对拥有健康视觉的人来说，用双眼观察空间环境是自然而然的事情，但是人类有9%的男性和0.5%的女性为色盲，其中大部分人为红绿色盲，还有一部分蓝黄色盲这就需要我们为这部分视觉缺陷人群定制方便他们辨认事物的设计方案。在棕黄色调之下，不管是视力健全人群还是色盲人群，都能很好地辨认色彩。也就是说，在使用棕黄色调的前提下，对色彩的色相、纯度和明度进行变化，能够得到具有广泛普适性的配色方案。同时设计师也要注意避免使用红色、蓝色和绿色。

1.3 地域与文化

我国幅员辽阔，南北方、东西部各地区的气候条件差异巨大，从热带的海南省，到温带的东北地区；从湿润的东部沿海，到干旱的西部内陆，鲜明的地区气候差异，让每个地区的居民对色彩环境有着截然不同的心理感受。同时，气候和水土的差异，让每个地区都发展出了不同的文化脉络、民间风俗和宗教习惯，对颜色的使用也有着不同的偏好。在设计初期，设计师为色彩环境寻找概念依据时，一定要注意自己的灵感来源是否与当地的地域特点和人文风俗相吻合。

1.4 时尚与流行

设计永远是一个追逐时尚的行业，而色彩的流行趋势是有规律可循的。设计师和业主都会受到流行元素的影响。掌握流行趋势、了解室内设计领域时尚的变化周期是从业者的必修课。一块两三年前极为时尚的布艺，有可能一夜之间就变成了俗气、落伍的代表，所以室内设计从业者需要正视这种客观的周期变化，通过观察与钻研，力争站在时尚的潮头。

▲ 设计永远是一个追逐时尚的行业，而色彩的流行趋势是有规律可循的。

▼ 掌握流行趋势，了解室内设计领域流行变化的周期，是设计师的必修课。

2　为空间色彩环境定调

2.1　何为色调

色调，是色彩设计中一个常用的词汇，通常用来形容画面或空间的色彩基调。

我们有时候会用深浅、明暗、浓淡来划分不同的色调关系，更多时候，我们会用组合词汇来表述色调的多个属性：明度、纯度、色相。比如"亮灰绿"色调，就包含"高明度""低纯度""绿色相"这些信息。色调提供的信息，并不像用色号表示的颜色一样准确。色调提供的往往是相对的信息，是颜色的集合。亮的调子，往往是和暗调子对比得出来的。色调作为空间色彩环境的基调，其变化是随着视野所及处环境中细微的色彩构成而不断变化的，因此室内设计中色彩设计的工作，就是在统一的色调关系下塑造细节的过程。

不同的空间拥有不同的色调关系，决定了不同的空间性格。有时候，色调变化带来观感上的差异并不由色相变化决定，例如"浅色调""亮色调"会给人以轻快活泼的感受，但这种感受并不因其色相，如"浅绿色调"或"浅蓝色调"的区别而产生大的差异。

在室内设计领域，"色调"的概念近年来越加深入人心。通过给空间设定氛围色调，能让空间整体呈现出更为和谐一致的面貌。而在统一的色调之下，设计师可以运用多种色彩组合，既保持整体氛围不受破坏，又能保证色彩的多样性与空间的趣味性。

在设计实践中，面对复杂繁多的色彩组合变化，设计师通常会有自己习惯的色调编码系统以方便团队之间的交流。

2.2　为空间设定色彩基调的意义

经验不够丰富的设计师们会发现自己在设计过程中容易陷入具体的细节之中，迷失于墙、地、顶的材料选择与各种家具和饰品、挂画等物件里，最后失去对整体空间的色彩控制。设计师对空间色彩环境的定调、对前景色与背景色的控制、对图案和质感的使用都需要建立全面、综合的色彩思维。

对设计师来说，现成的配色参考既是帮助，也是一种制约。配色参考能够为经验不足的设计师提供正确的指引，让设计师在理解色彩原理的基础上，更好地把握不同颜色之间色相、明度、纯度之间的微妙关系；但配色参考的制约性在于，如果设计师长期依赖于这些"标准答案"，就会失去想象和创造的能力，配色也只会变成照本宣科的机械式填色。因此，在从业初期，设计师应当利用好配色参考的借鉴意义，从中提炼出色彩搭配的规则，学会利用配色规则来创造属于自己的配色方案。

设定空间色彩环境方案，首先要综合空间的属性和环境、用途、使用者等因素明确完整的制约条件；再设定色彩框架，形成空间设计的指导方针与纲领，具体到解决色彩使用强度、色彩在建筑空间中变化的规律、前景色和背景色的相互转化协调等问题；最后对所有要素进行综合考量，形成舒适、实用、明确、安全的室内色彩环境氛围方案。这个方案能指导设计的延展，在设计进行中的任何阶段都能为设计师提供依据，让细节处的色彩变化也能有机有序地依附于整体，确保局部与整体的一致性，在完成阶段，还能用来检验完成成果。很多设计师都有这样的经历：随着设计工作的推展，各种局部和细节会不可避免地填充进来，而很多看似丰富的局部其实会冲淡空间的主题，所以在设计的收尾阶段，用最初的空间色彩环境方案对成果进行校核，是设计工作不可或缺的一环。

客户画像

男主,56岁,当地知名企业家
书香门第,对传统东方文化格外感兴趣,崇尚精致风
雅的生活方式。闲时喜欢与三五好友下棋、品茶,打
打太极。对艺术的生活有着自己的品味和践行方式。

女主,54岁,音乐协会会员
女主对中国古典音乐颇有研究,尤其善于演奏古典乐
器,有时会参与音乐会演出。喜欢享受温馨闲适的家
庭生活。

儿子,33岁,企业高层管理
受家庭氛围影响,偏爱休闲舒适的生活方式,但又注
重生活细节,精致且高雅。喜欢与朋友们品酒、鉴赏
书画。

儿媳,32岁,学院讲师
热爱读书写作,有较高的文学修养,闲暇时喜爱与女
儿一起做陶艺和插花,生活品味独特高雅。

孙女,8岁
温柔娴静,甜美可爱。受家庭氛围的熏陶,从小便对艺
术产生了浓厚的兴趣。

城市印象

冷色调*装饰色   **中性色*背景色**   **暖色调*点缀色**

▲ *由客户画像与城市文脉引出的室内整体色彩方案*

可以说,对室内设计师而言,完成一个视觉效果
丰富的室内空间并不是什么困难的事情,工作的真
正难点在于紧扣主题、恰到好处地表现空间的属性和
特点。

完成整体色彩环境的设定之后,我们将进入具体
的空间色彩设计。下面分享几个空间色彩环境设计的
案例。

色调设计的运用:

在室内设计中常用到的冷暖色调与中性色调穿插
组合的例子。

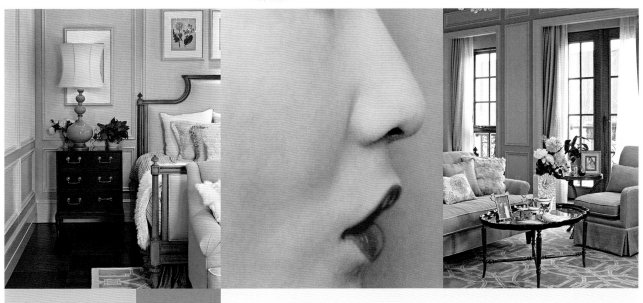

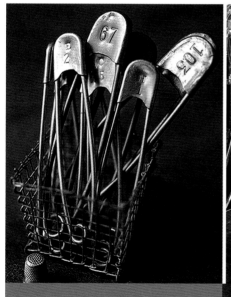

第 6 章

室内背景色

▲ 在这个小女孩房中，设计师把前景的主题色向上部延伸，在墙面与天花板交界处也使用了暖调子的粉红色。顶部的粉红与床品上的淡蓝色形成有趣的对比关系，清新、响亮。由于在天花板上选择明亮的色彩并不常见，所以很多参观者会把粉红色作为这个房间的主题色。

1 室内背景色的复杂性

室内空间背景色在这里指的是室内空间围合面的色彩，在墙、地、顶三个面中，墙面的颜色为空间背景色的主体。由于围合面通常占据室内空间的大部分表面，所以很多人将围合面色彩理解为室内的主色调或基调，但实际上在不同的场景中，它们所扮演的角色也是千变万化的。出于使用基于专业习惯的统一称谓的需要，为了与室内空间中的陈设所占据的前景色和点缀色相区分，我们统一将室内空间的围合面色彩称为空间背景色。

与前景色和主题色相比，背景色似乎从来不是空间色彩环境中的主角，但与室内空间背景色相关的知识点却比前两者要复杂得多，对背景色的掌控是设计师的必修课，也是每一个项目色彩设计之初重要的基础工作之一。

一般的家居环境，墙面色彩是空间背景色的主要组成部分，但设计师通常需要处理更为复杂的室内色彩环境，背景色并不总是只由墙面色彩构成，地面甚至是天花的色彩都有可能起到举足轻重的作用。如今室内设计师越来越注重不同空间的个性表达，例如在一个挑空中厅的空间里，从首层和从楼上观察这个空间时，顶面和地面在人的视野里所占的画面比重是不同的。有时候地面与顶面在画面中占有的比重远大于墙面，这时候，背景色的主体会从墙面转移到这些面上。在不少现代建筑中，建筑师会特地模糊各个面的交界处；还有些时候，设计师会可以将设计重点从墙面转移到地面或者吊顶上。

1.1 室内背景色的特点

1.1.1 背景色是室内空间色彩环境的基础

室内空间的背景色有时就像绘画作品的背景色，既有可能直接表现主色调，也有可能只是中立的背景。在室内空间中，如果背景色的纯度和明度较高，色彩的存在感足够强烈，背景色往往就构成了空间的主色调，光线在墙面上漫反射弥漫整个空间，成为房间的主导色。当房间里有一面彩度足够的绿色墙面时，我们一般不会说看到了室内绿色的墙面，更可能会说我们看到了一个绿色的房间。当墙面色彩的明度和纯度降低到了一定程度，背景色就会退到前景色之后，有时候足够暗的背景色甚至会带着空间的细节一起消隐，将空间完全交给前景和主题色去表达。一些有经验的设计师在处理建筑物中遗留的空间难题时，如复杂的屋顶形体或难看的梁架、管道等，或者限于条件无法使用其他修饰办法时，使用足够深的色彩总是最方便的手段。尽管有时候极浅的背景色和空间中家具、陈设的强烈对比也能达成类似效果，但是深色的背景总能显得更加特别。

背景色与前景色之间的明度和纯度对比，决定了两者之间各种微妙的互动。在设计实践中，这种互动的形成往往就在一线之间。毫厘之间的主体转换，决定了室内空间不同的色彩氛围和效果。

▲ 当房间里有一面彩度足够的绿色墙面时，我们一般不会说看到了室内绿色的墙面，更可能会说我们看到了一个绿色的房间。

▼ 在这个阁楼空间中，屋顶的造型复杂，几乎没有办法再修饰。设计师选择深土红色墙漆掩盖了尖角，同时也很适合阁楼主人的气质：一个喜爱英伦摇滚的男孩。在十五六岁的年纪，谁会不想拥有这样一间阁楼呢？几乎所有的深色背景色都可以用来掩饰空间中那些纷乱的梁架和管线，比如写字楼的室内空间中常用深灰色涂料粉刷。

▲ 这个客厅空间背景色选择清爽、柔和，让布艺上的一点点绿色都能够凸显出来，在烟雨蒙蒙的季节里显得十分清新，像刚刚被雨水洗刷过的空气一样沁人心脾。

▼ 紫罗兰的背景色与浅香芋色的布艺沙发形成了微妙的互动关系，设计师在空间色彩设计中使用了平面的切割手法，让直白呆板的空间产生一些趣味。

1.1.2 室内背景色常常不是一种颜色，而是一个合复杂的色彩体系

我们所处的室内环境由各个平面围合而成，在这些表面上使用的不同材质和做法创造了丰富的色彩和质感，组成了室内空间的背景色体系，也给设计师带来背景色控制的难度。不同表面上，细节做法、材质差异和色彩图案是一个复杂的大组合，在设计过程中要求设计师抓大放小、找到重点达成整体效果的控制，因此色调的概念相当重要，要先确定大致的空间色调，然后再对空间色彩进行深入刻画。

随着人视角的移动，室内空间构成的画面随之而变，而时间会带来光线的变化，这些都导致了室内背景色是一个动态的体系。每个室内设计师应该都深有体会，一个空间在不同的时间和条件下能焕发不同的魅力，有时候甚至超出了我们的想象。

1.1.3 室内背景色不是一个孤立存在的体系

人类创造了室内环境，让生活更加安全、舒适，但人类同时又向往大自然的美好，总是不希望割裂室内外环境的联系。这一点在东方人的建筑传统中更加明显，很多东方建筑都有以门代墙的习惯，在天气适宜的时候，随时可以门户洞开，让室内外空间融为一体。基于这种思维，室内背景色的设计往往要满足两种协调：室内背景色与室外大环境的协调、室内小环境与人物主体的协调。于是，在室内设计中，室外的环境气候特点、季节特征、植被与色彩都是设计师考虑的因素，好的建筑与室内空间设计要像从环境中生长出来一样；同时，室内背景色又是一个表现体系，对空间使用者来说，美好的空间环境能够激发出人最好的一面。

▼ 很多东方建筑都有以门代墙的习惯，在天气适宜的时候，随时可以门户洞开，让室内外空间融为一体。基于这种思维，室内背景色的设计往往要满足两种协调：室内背景色与室外大环境的协调、室内小环境与人物主体的协调。

▲ 色彩的反差和对比既可以是整体色彩上的背景与前景色关系，也有
可能只在空间中某一局部体现。

1.2　室内背景色与前景色的对比度

　　室内背景色与前景色之间的主从关系和对比度，往往会决定空间色彩效果的醒目程度，也经常成为空间中的点睛之笔。这种对比可以是整体色彩上的反差，也可以只在空间中某一局部体现。

　　在背景色中制造纯度变化、背景色与前景色之间的强度和明度对比是决定空间气氛的关键性手法。在日常生活中，一些比较强烈的色彩使用手法并不多见，所以我们用一组家具展厅的照片来比照各种条件下空间气氛的不同。通过对这些照片的观察，读者也许能发现，明度变化起到的作用最为显著，换言之，素描关系能够更好地帮助我们理解空间。尤其是针对一些特定人群，如视力衰退的老年人，色彩的明度变化相对来说更好辨别，这是我们在设计一些老龄相关的项目时需要关注的点。

高纯度背景色 + 强明度对比：这个空间使用了高纯度的背景色，在地面 ▶
和墙面上使用了对比感极强的绿色与紫色。前景的家具使用的布艺与背
景形成很强烈的明度对比，整体空间氛围传达了浓厚的都市感和艺术
气息。

高纯度背景色 + 弱明度对比：这个紫色主题的空间非常唯美，设计师使 ▶
用了纯度较高的紫色作为墙面背景色彩，在家具上使用了明度接近的紫
色布艺，形成了一种女性化的、雍容华贵的格调。需要注意的是，使用
高纯度色彩与近似明度对比的色彩组合，在把握空间整体效果上很容易
让空间显得沉闷。设计师在这里使用了大量的镶嵌镜面的家具与水晶的
饰品来增加灵动，在空间中加入小面积的明黄色和橘红色以增加活力，
茶几上的插花出现的绿色和蓝紫色起到同样的色彩跳跃作用，同时在挂
画的装裱、门框和小件的饰品上使用白色来提供对比。

◀ **中等纯度背景色 + 强明度对比**：背景色使用了具有中等纯度的灰蓝色，让空间显得雅致而高贵。在家具的选择上使用了深的黑胡桃木色木器与米黄色的布艺家具形成明度的对比，这是我们在日常生活中最为常见的配色手法，也是最为容易掌握的。当然，在更多的时候设计师会选择暖色调的墙漆或者带有图案的墙纸来处理墙面。

◀ **中等纯度背景色 + 弱明度对比**：这是一个很特别的卧室场景，背景色与前景色都选择了色相近似的紫色，通过细微的明度变化来传递一种安静、细腻的甚至有些暧昧的感受。这样出人意料的色彩搭配设计通常总是出现在一些酒店的客房，设计师有意用很少见的色彩搭配来创造特别的气氛。

低纯度背景色 + 强明度对比：在这个空间中背景色与前景色都选择了低 ▶
纯度的颜色，通过布艺的调整加强了对比度的变化。这样的组合呈现出
年轻、都市、时尚的感觉，但同时也容易给人留下单调、廉价的印象，
设计师需要在布艺的质感变化和饰品的搭配选择上下足功夫。

低纯度背景色 + 弱明度对比：选择低纯度背景色和弱对比度的家具、布 ▶
艺是非常有挑战的高调做法，这种做法可以呈现出贵族气质，形成雅致
的华贵气氛，但是对建筑空间本身的要求比较高，也需要设计师对不同
材质质感、肌理的细微把握能力，否则就容易流于简陋了。图中的空间
设计师用一幅对比强烈的黑白画作来制造视觉中心，花艺和台子上的一
篓柠檬跳出些许色彩，素净的枫木色家具柔和地软化了空间。

▲ 三个看似不同的棕色，其实是同一个颜色，只是运用在了不同质感的材料表面上，颜色的亮度会产生差异，材料的表面越粗糙，其颜色越突出。

1.3　背景色与图案、质感和肌理

在室内设计实践中，设计师要处理的背景色的问题往往不像上文所分析的空间那么单纯，因为可以选用的材料范围极其广阔。不同材料带来的图案、质感和肌理的变化会带来不同的效果呈现，这些变化是很难归类描述的，只能由设计师在实践中不断摸索与总结。

例如三个看似不同的棕色，其实是同一个颜色，只是运用在了不同质感的材料表面上，颜色的亮度会产生差异，材料的表面越粗糙，其颜色越突出。

肌理是色彩之外的第二种视觉、触觉要素，帮助我们认识、感知物品的外在形态和质感。室内设计可以通过控制物品表面的物理特性，给空间带来不一样的表现力，如光滑与粗糙、轻与重、软与硬、干与湿、疏与密等，来激发使用者心中冰冷或温暖、鲜活或沧桑、轻快或笨重、精致或粗犷、华丽或朴素等心理效应。

现代科技带给我们更多具有特殊肌理的表面材料，它们具有传统材料所不具备的表现力，抑或能够模仿原本不易获得的材料质感。例如人造石材料可以提供更加丰富的色彩组合兼备足够的硬度；壁纸可以通过特殊的表面处理产生纺织品甚至金属的表面质感。新材料的不断涌现丰富了设计师的创造力和室内设计的表现力，因此对新材料的了解也是设计师的工作重点之一。

▲ 表面肌理呈现出物品的物理特性，比如光滑与粗糙、轻与重、软与硬、干与湿、疏与密等，给空间带去不一样的表现力，来激发人们的冰冷与温暖、
轻快与笨重、精致与粗犷、华丽与朴素等心理效应。

2   影响背景色选择的因素

2.1   人决定背景色

作为使用者和拥有者，人永远是空间的主题，因此人的色彩喜好是背景选择的决定性因素之一。

"背景色可以不夸张，但它至少不能令人讨厌。最好能使人产生舒适感、喜悦感，可以恰如其分地表达居住者特殊的个性和喜好。"

有经验的设计师工作的起点都在于了解业主，而

▼ 这是为一位女主人设计的隔楼空间，用来阅读、休息和接待自己的友人。在这样的一个女性化的私人空间设计中，设计师选择了时尚的粉彩色系来作为整个空间的色彩主题。在墙面上选择了很受女性喜爱的 Tiffany 蓝作为送给每位来访者的一个惊喜。

非盲目寻找所谓的设计灵感，因为建筑空间是为人的生活服务的，一切设计的出发点都应该以人为本。空间通常不会只有一个使用者、一个群体，例如家庭，共同使用这个空间，那么群体中人与人之间会有色彩喜好的差异；另外，空间中不同的功能分区也会使其具有不同的个性差异。这些差异帮助设计师构建起背景色系统的复杂性，最终带来空间色彩中的趣味。以人为本，意味着设计师需要建立更加广泛、包容的世界观，总是尝试去理解不同人群对美的不同理解，而非将自己的审美观粗暴地贯彻进每一个设计项目中，只有将自己放到生活中去体验观察业主的生活，才有可能做出好设计。

2.2   建筑决定背景色

近现代很多建筑师都认为室内设计是建筑的附庸，是多余的装饰。但翻开建筑史书我们会发现，色彩和装饰一向是与建筑共生、有机地结合在一起的。

室内设计与陈设让建筑空间更加符合使用者的心理和物质需求，让空间传递更加细腻的情感。室内设计师的工作，就是了解使用者的需求，发掘空间特质，进而推导出一种得体的建筑空间表现，使之成为生活艺术的载体。

"在任何情况下，设计师强调的都应该是建筑物本身，即最受注意的和最能引起争论的主角。"

建筑物的朝向、空间都会给室内设计师提供很好的指引，对一个好的室内设计师来说，读懂建筑往往是工作的基石。简单或复杂，封闭或开放，联通或割裂，研究不同的空间和空间组合方式往往能帮助推导出合适的背景色体系，而脉络就是使用者在建筑空间中生活、工作的运动轨迹。室内设计的工作应该是建筑设计的延伸，室内设计师应该是建筑空间更细腻、更深入的诠释者。完全脱离建筑空间气质的室内设计是不可能成功的，因为它已经失去了最根本的意义。

▲ 在这个现代会客厅中，室内设计形式与材质、色彩运用的出发点均来自对空间自身的理解。

无论是室内的空间设计还是色彩设计，都必须站在建筑物本身的功能、使用者、方位等角度考虑问题，针对性地采用合理的方式配合建筑空间。例如应对私密性、娱乐化的空间，室内设计师可以采用个性化的、甚至强烈的色彩环境来塑造特别的视觉体验；在一些公共建筑中，设计师必须考虑大众审美的差异性，选择中性色调的背景色。

2.3 地域和文脉决定背景色

不同地域的风土和文脉，会对这个地区的人的色彩审美产生根本上的影响，这也就是为什么一些配色方案具有浓厚的地域性。如江南地区会给人留下水墨淡彩的印象，而西北地区则是浑厚饱和的大地色系；东南亚地区偏爱艳丽淋漓的色彩，而北方的主色调则是低饱和度的中性灰调。

▼ 为新疆餐厅设计的背景色，采用了具有地域特色的沙漠红、深葡萄紫，搭配艾德莱斯绸图案，渲染浓浓的西域风情。

▲ 一个法式风格的起居室，为了配合其古典优雅的风格，背景选用了
深棕红色的实木护墙板，完美衬托了精致的家具和饰品。

2.4　设计风格决定背景色

室内陈设与室内背景色之间的主从关系也是室内背景色一大影响因素。对许多简单地认为背景色只具备烘托作用的人而言，背景色是处于次要地位的色彩，只用于衬托家具或艺术品。如果室内空间中确实存在着如此熠熠生辉的特殊物件，如昂贵的桃花心木家具、来自阿富汗的羊毛毯子、著名艺术家的墨宝等，那么这些物品显然左右着室内背景色的选择。但真实情况往往更为复杂，很多空间中并没有明确的主角，因而有时候室内背景色与前景色之间的主从关系就决定了空间效果的未来走向。

如前文所述，背景色与前景色，只是以它们的空间位置关系来界定的，背景色处于家具、陈设的后面，

不代表它就是永远的配角。实际上当设计师决定将色彩设计作为空间设计的主要表现手段时，背景色往往就起到了决定性的作用，因为背景色总是占据着空间中最大的面积，所以改变背景色系的设计，空间的氛围立刻就会产生变化。当我们选择柔和的背景色系，就能获得安静、祥和的空间；当我们选择响亮的背景色系，就能收获个性强烈的空间。背景色系对室内色彩环境的重要性远大于前景色与装饰色。

还有一个值得设计师关注的点，那就是相较于前景色和装饰色，使用中的建筑物更换背景色难度很大，所以设计师更应该慎重选择背景色。建筑一旦投入使用，再想更换整套背景色体系，就是一项浩大的工程了。

3　室内背景色的影响因素

3.1　无彩色和有彩色

色彩王国的成员可以分为两大家族——无彩色系和有彩色系，这是多年来色彩学者的共识。

无彩色（achromatic color）就是没有色相的黑、白、灰，唯一的特性只有明度，明度值从 0 到 100，彩度值无限趋近于 0。白色反射所有波长的光线，其明度最高；黑色吸收所有波长的光线，其明度最暗；黑和白按照不同比例混合，能够得到无数个梯度值的灰。

室内设计中传统意义上的无彩色并不常见，相较而言，更多的情况是空间的色彩环境由不同明度变化的单色相中性色构成。在这种色相构成单一的空间中，人眼很容易忽略背景色的色相，将整个空间视为无彩色环境。这种色彩设计手法常见于一些注重个性和特殊气质塑造的空间中，例如单身男性的居住空间，设计师常用各种不同明度的卡其色系做搭配。

有彩色则是包括在可见光谱中的全部色彩，以红、

橙、黄、绿、蓝、紫为基本色。基本色之间不同比例
的混合、基本色与无彩色之间不同比例的混合所产生
的无数种色彩都属于有彩色系。有彩色系是由光的波
长和振幅决定的，波长决定色相，振幅决定色调。

　　有彩色系中任何颜色都具有三大属性：色相、明度
和纯度。换言之，一个颜色只要同时具有这三种属性，
都属于有彩色系。

在室内环境中，绝对的无彩色只是一种理想状况，真正的用色要点在于
色彩存在的限度。上图的空间中色彩构成基本都是纯度较低的中性色，
我们可以将其视同为一种接近无彩色环境的设计方式。这样的色彩环境
是都市公寓和酒店客房的设计中常常出现的。

▼　在这个酒店的餐厅空间中，设计师很少使用色彩，而是在灰色调的
　　环境中大量使用天然材质，以突出其酒店的历史与纪念性，除去少
　　量的铜饰与银质的餐具闪耀着光彩，其他色彩都基本为黑白灰。墙
　　面丰富的手绘图案和各种精致的细节、素描关系使空间并不显得单
　　薄，反而具有独特的优雅气质。

3.2　室内设计中的"无彩色环境"

　　无彩色环境通常指室内设计中一种独特的色彩手法。已知黑、白、灰皆为无彩色，没有色相，只有明度为唯一特性，但室内设计中的"纯粹状态"是十分罕见的，材料自身的材质和肌理会带来色彩上的变化。所以室内设计中的"无彩色环境"并非简单的无彩色的空间，而是指由中性色和纯度较低的后退色构成的、以强调明度变化为主的手段构建的色彩空间。常见的例子是使用大量的中性色或纯度极低的后退色来填充空间。这些安静的色彩含蓄地构成空间的背景，让人的注意力集中在明度变化带来的丰富空间效果上。

　　无彩色环境的色彩运用，既可以是具有一定纯度和明度的中性色，如绿色、棕色的单一色相，也可以用不同色相的软性后退色和中性色相结合，如灰蓝、灰绿和其他高明度的灰色调组合。但无一例外的是，设计师需要具备把握色彩明度的强大能力，用丰富的素描关系让空间生动起来。

　　打造无彩色环境是设计都市主题室内空间的常用手法。其优势是以大量低调的色彩形成背景基调，更容易凸显空间中人物、家具和艺术品的魅力。在这样的空间中，即使是一幅黑白的摄影作品也能足以成为视觉中心；进入空间的每一个人，都因身上的色彩而成为空间的主角。

　　无彩色环境实际上也可以理解为一种灰色调的环境，无彩色的魅力也就是一种灰色调的魅力。

▼ 室内设计中设计师所谓的"无彩色环境"并不是简单的"无彩色空间"。而是指由中性色或是纯度较低的后退色构成的，以强调明度变化为主的手段构建的柔和的色彩空间。（左上图）

◀ 打造无彩色环境是设计都市主题室内空间的常用手法。其优势是以大量低调的色彩形成背景基调，更容易凸显空间中人物、家具和艺术品的魅力。（左下图）

3.3　色彩的连续对比

　　既想要空间中出现色彩变化，又希望保持整体装饰的连贯性，设计师可以选择一种主色，将它作为基础色运用到每个房间。主色多数用于墙面，不过也可以是地面或踢脚线。我们进入一个空间时，它所呈现的明度和色相会受到上一个停留的空间的影响。一个房间内或一个平面图案上出现的色彩区域也会受到连续对比的影响。

　　这背后的原理是空间中的视觉残留——视觉转换中的色彩"阻尼"效果。室内很多空间是连通的。随着视野转换，空间中不同部位的色彩不断地相互作用，即便我们的目光已经离开，之前看到的色彩也不会立刻从脑海中消失，而是会有一个钝化消失的过程，因为这个过程，空间中的各种色彩总是在不断相互影响，室内色彩的协调性才如此重要。

▲ 低纯度的安静色彩，让人的视觉感受都集中在明度变化带来的丰富空间效果上。

▼ 图中的展厅空间整体以暖灰调子的中性色为背景色，以突出强调传统、崇尚自然生活方式的理念。在参观者进入展厅的一个连续视野中，设计师巧妙地完成了一系列的色彩转换和过渡。通过上面的色彩取样，我们可以发现这是一个精心组织的关联色系。

①号位置看到的客厅配色

当从门厅将要进入客厅的位置进行观察，看到的是客厅中柔和内敛的邻近色配色。

②号位置能同时看到客厅和书房的配色

进入客厅之后再看向书房，这时书房的蓝色进入视野，与客厅沙发的金黄色成为对比色。而地毯的绿色则成为这两者之间的良好过渡。

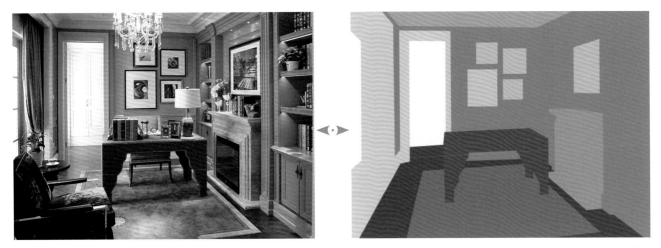

③号位置看到的则完全是书房内的色彩状况

当完全行进至书房内，看到的是墙面的蓝色
和桌子、地毯的橙色系形成的张力极强的对
比关系。

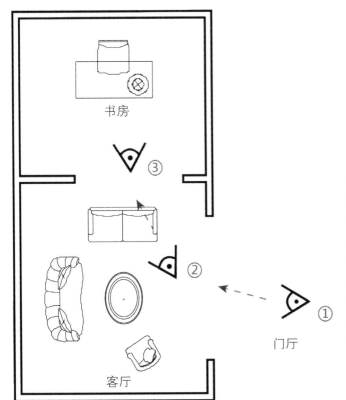

在这个连续的视角变化过程中，设计师提供了参观者一个有趣的视觉体
验。从第一视点，客人站在玄关位置看到的一个柔和内敛的客厅，过渡
到蓝色的书房加入视野：黄色和蓝色、绿色的色彩渗透作用让这个变化
显得有趣而不那么突兀。直到视点三，蓝色和橘红色的强烈对比出现，
才强烈地渲染出主人的个性和这个家庭的艺术特质。这一系列的由视角
变幻所带来的有趣的视觉体验，正是我们在前文中反复强调的室内色彩
设计的魅力所在，随着人在室内的移动，反映在视野中的整体色彩环境
是不断地处于变化中的。这种动态所带来的设计难度，同时也是室内色
彩设计的魅力所在，设计师可以有意识地分析动线、光影的变化，做出
判断和控制，形成有趣的色彩环境。

▲ 图中的空间背景色选择了中性的棕色，但是通过亮光的墙漆让墙面具有了更好的纵深感。前景的灰色沙发略微偏紫，设计师选用带有紫色倾向的条纹布来做靠包和单椅，在饰品和花艺的选择上使用了纯度更高的紫色。在室内光线的相互反射和感染下，完全中性的棕色墙面好像也具有了紫色的倾向，于是形成了空间中从背景色到前景色再到装饰色的纯度递增。比例很小的高纯度色彩在灰色调的空间中很容易脱颖而出，占领空间。

3.3.1　灰色不是纯灰的

　　灰色不是纯灰的，其意义好比实际生活中的白色也非纯白。在设计师眼中，灰色不是特定的色号，而是由无数颜色构成的灰色调。

　　灰色调是色彩学的专有名词，指所有含灰度的复合色，是将红、黄、蓝三原色经过三次以上调和而成的复色，因此灰色调有着无穷无尽的变化。在每一种原色和间色的周围都环绕着无数渐变的灰色调颜色。仔细观察会发现，我们的生活环境充满了灰色调色彩，在室内设计中用到的颜色，大多数都属于灰色调，尤其是构成空间主要色彩环境的背景色。丰富的构成原色带给灰色调无穷的变化，也让其具有柔和、内敛、协调的特性，与室内环境是天作之合。

　　从色彩关系的角度，灰色调主要分为两个色调：冷灰和暖灰。冷暖灰色调的形成主要与其基础的色彩构成关系有关，不同色彩的灰色调丰富的冷暖变化，也是灰色调的魅力之一。我们常常形容一个灰调子"高级"，是因为灰色调在不同的空间和需求之下，能呈现出丰富而又和谐的变化。

3.3.2 中性色

中性色（neutral color）又称基本色，包含无彩色和一些色相模糊的低纯度色彩，没有明显的性别指向，因此不管哪个性别皆可使用。中性色是介于三原色之间的色彩，不属于冷色调也不属于暖色调，依照冷暖色系和色彩心理学的分类，黑、灰、白、金、银是五个最没有争议的中性色。但是其他如大地色系、蓝色、绿色等容易让人联想到无性别的自然风景的颜色，从心理层面上看，也可以成为中性色。归根结底，"中性色"是形容色彩给人的感受，并非专指某个色彩。换言之，任何色彩的不同搭配没有可能令人产生"中性"的判断，所以我们应该了解的是让人产生这种判断的因素。例如米色，有点偏红又有点偏黄，整体感觉又偏白色，很难一下子断定它的色相归属，类似的情况还有茶色、驼色、咖色、栗色、褐色，还有近乎黑色的藏青色、深蓝色等。

现代室内空间的色彩环境越来越多元化，人们对色彩的接受度越来越高，中性色的范围也变得越来越广，如今有色相的色彩与灰调相结合也可以定义为中性色，甚至有些人认为只要是纯度不那么高的颜色，都能列入中性色的范畴。

现代都市建筑大量使用的混凝土、铝合金和玻璃不锈钢等材料，给人留 ▼ 下的冷灰色的印象，因此冷灰色调常常被用来表现都市题材的空间。图中是比较典型的都市题材场景，连木材都被去色刷成灰白色，但设计师还是保留了一点纯度很高的明黄，给这个空间带来一点生机勃勃的感觉。在冷灰的后退色背景与前景中，跳跃的点缀色格外的鲜艳。

中性色自身含蓄的特点能衬托安静优雅的空间气质。这个卧室空间大量 ▶ 地使用棕色调的中性色在墙面和床品上。布艺和台灯上出现的橘红色是点睛之笔，一点纯度较高的颜色就给整个空间带来了时尚感。

中性色有三个使用特点：

（1）给人以轻松的感觉，可避免使人产生疲劳感。

（2）沉稳得体，有经典风范。

（3）是知性的色彩，可用于调和色彩，凸显其他颜色的特性，因而常用于与流行色搭配。

室内设计中很少使用高纯度的色彩，而是更多地使用纯度、色相、明度各不相同的复色来呈现空间效果，这也就是中性色的调和作用。常见的方法是将空间背景色设定为中性色，将所要呈现的物品色彩纯度衬托得更为突出，同时能让不同的色彩置于一个和谐的环境中，便于人进入空间时能够更好地识别空间色彩属性。

黑白灰在其他色彩的衬托之下，也能产生或冷或暖的色彩倾向。例如黑色在单独使用时，可产生沉稳

◀ 在这个灰调子的空间中，设计师使用了浅粉紫、浅灰绿、浅肉色等多个不同色相的灰色色块进行叠加。

▼ 黑白灰在其他色彩的对比下，也能产生"冷"或"暖"的倾向，如黑颜色在单独使用时，可产生沉稳或神秘的感觉。有些设计师不敢使用黑色作为空间主色，担心弄脏或降低画面色彩效果，这实在是认识偏颇的表现，在室内设计中适度运用黑白灰中性色进行冲淡或者分割，特别是在两个补色之间使用，既能使互为补色的视觉效果更强烈，也能起到和谐缓解的作用。

或神秘之感。然而某些偏见认为黑色、灰色会弄脏或降低画面色彩效果，导致有些设计师不敢使用黑色，实在是有失偏颇。在室内设计中适度运用黑白灰中性色进行冲淡或分割，特别是使用于两个互补色之间，既能使色彩的视觉效果更为强烈，也能起到和谐缓解的作用。在中国传统艺术形式中，大红大绿的线条或色块往往需要用黑、白、灰、金、银进行分割，既能获得强烈的色彩对比，又十分和谐，不会刺眼。中性色作为色彩中的一个特殊系列广泛存在于自然界中，而室内设计经常将各种天然材料运用于背景墙面上，于是自然的色彩就成了常见的室内背景色。

自然界中的色彩如树叶、泥土、石头和其他自然物质都有着复杂的色彩构成，包含了多种基本色相，当人们混合涂料模拟自然色彩时才会意识到它们有多复杂。有水彩绘画经验的人都知道，如果不想让多次混合的色彩将画面变得过于灰暗，可以在画笔的不同部位沾上不同颜色，直接在画面上借助水的力量调和，这个过程构成水彩表现中最奇妙最不可预知的效果。这种激发也可以是从复杂的自然美物质中分离出基础色彩倾向的过程。每一块木板或石材都有自己独特的色彩倾向，而设计师的眼睛经过长期训练，能够把天然材料中的基础色彩倾向分离出来。

▲ 自然界中千变万化的材质及色彩赋予室内色彩组合灵动多变的特质，背景色所依附的材料和质感也能够提供更丰富的视觉体验。

4　背景色的处理手法

4.1　追求统一、和谐的色彩氛围

　　当空间没有特定的主题或特定的色彩要求，也没有添置昂贵家具、陈设品的预算，例如某个住宅中的家庭厅，功能简单，空间也无甚特色，那么设计师追求背景色与家具、布艺的协调一致是个明智的选择。弱对比和中性灰调的背景色容易让功能性的普通家具消失在柔和的色彩环境中，这时候墙上一幅稍有对比的挂画，或者哪怕一个特别一点的台灯罩都能吸引来人们的视线，打破这种单调的和谐。

▼ *这是一个参禅的空间，为了追求虚怀若谷、至清至静的空间气氛，设计师模糊了前景色和背景色之间的界限，只用自然的材质肌理和细微的图案变化来表现细节的精致。*

4.2　提供具有普适性的背景环境

在一些酒店、酒店式公寓的空间设计中，室内背景色要具有更强的普适性来应对频繁变换的租客。酒店式公寓的租客有时会自己采购一些家具和饰品来改善环境，这要求设计师在选择室内背景色的时候给出足够中立的色彩，最常见的是暖灰调的米色系。

4.3　追求色彩的视觉冲击力和趣味性

住宅中儿童房或者游戏室一类的空间，不会有太多主体性的陈设，但是空间本身又需要活跃的氛围，这时候色彩本身便会成为主题。在色彩规划中，背景色与前景色、点缀色会构成一个有机的整体，设计师要根据房间的使用性质和主人性格来决定背景色与前景色的对比关系。

在背景色的通常应用规则之外，设计师可以打破常规的用色手段，创造不一样的空间。

高纯度的空间背景色。 ▶

▲ 低明度的空间背景色。

▼ 灰调子 + 高纯度单色的空间背景色组合。

▲ 模糊前后关系的做法。

下面展示一些不同材质做法形成的背景色效果：

第 7 章

室内陈设的前景色和装饰色

▲ 窗前小景里，樱花、窗帘布艺和香槟酒瓶的包装相映成趣，组成一幅美好的画面，除了色彩的和谐搭配之外，还体现了春季的美好。

▲ 背景色与前景色均采用高明度、中等纯度的粉彩色系，明度处在弱对比的状态，诠释了一个优雅华贵的、女性化的场景。整个场景中，仅茶几上的一组饰品提高了对比度和色彩的纯度，粉色和白色的瓷器增添了新鲜的生活气息。在这个场景中，丰富的光源也是值得注意的，明度对比较小的空间中，往往需要依靠丰富的照明效果来帮助塑造空间。

要突出空间的主题，我们需要使用前景色和装饰色来确立空间的视觉中心，构建空间中最精彩的部分，因此，确立前景色和装饰色合理的色彩关系，是画龙点睛最重要的一笔。

前景色和装饰色分布的一般规律为：色彩与对比向画面的中心集合。

1　前景色：空间中最显眼的颜色

在室内环境中，我们习惯把家具、布艺等处于墙面前方的物体的色彩称为前景色，而空间中小的装饰品与花艺的装饰性色彩则是被定义为装饰色或点缀色。需要说明的是，大多数情况下我们在空间中见到的前景色并非单独一个颜色，而是色彩的集合，或整个色彩体系。

前景色与装饰色是空间中相对比较容易改变的色彩，所以不像背景色那样需要接近中性和内敛，毕竟墙、地、顶一旦装修完成就难以更换，而家具、布艺和装饰品的调整就简单许多，诸如挂画、插花或其他小装饰品完全可以依据心情随时更换。因此在同一背景色之下，前景色和装饰色可以是变化不定的，常常与空间的功能、季节变化、时尚潮流等因素相关，只有这样，空间环境才能保持以新鲜的姿态融入我们的生活。

如果空间色彩是一成不变的固定套路，那么色彩设计本身就是个无趣的工作。

　　室内色彩设计的魅力就在于它源自于设计师对社会、生活、艺术的观察和对美的捕捉，设计师在设计中把这些微小的美好不断放大，因此我们才说室内设计是生活的艺术，也是时尚的艺术。

背景色与前景色都选择白色，完全用抱枕和饰品上的装饰色来活跃整个色彩氛围。在这个空间中，色彩的变化极度弱化，而材质细腻的质感变化相应地被放大了。用不同的材质来表现白色，包括墙漆、木作、布艺，演绎出了丰富的质感层次。有时候看似简单的色彩搭配实现起来可能要求更高，很多年轻设计师看到图示场景时只注意到了沙发上几个调色的抱枕和墙面上金色的镜子，也就是用来活跃气氛的装饰色，其实那只是这个搭配中相对容易实施的一部分。 ▶

在中性后退色背景中，前景色与装饰色选择同一色系，只在纯度上加以区分。图中中等灰度的墙面配合光影效果丰富，很好地减弱了前景色、装饰色处于同一色调带来的单调感。设计师让整个房间的色彩完成了从青花蓝到深灰的逐渐过渡，用不同质感的白色来抵消沉闷。 ▶

2 不同强度前景色的空间表现效果

所谓不同的强度，指的是同一空间中前景色与背景色之间的对比关系和强度。常见的突出前景色的方式，是强调前景色与背景色之间的对比关系，制造更加强烈的视觉冲突，如加强前景色与背景色之间的明度对比或色彩纯度对比，或加强色相上的冲突等方法。

前景色的主要作用是突出主题，更好地为空间定性。空间背景色多数情况下都为中性灰调，使用一定纯度的色彩作为前景色搭配，更能突出时尚多变的感觉。对前景色的选择，通常要综合考虑地域、主人个性、空间功能等因素。可以说，前景色基本决定了空间的性格。需要特别说明的是，尽管前景色的作用是如此突出，但这并不意味着前景色就一定是大块面、高纯度的色彩。有时候为了与背景色形成合适的对比关系，前景色的纯度也可以降得很低且在空间中占较小比例。

前景色和背景色总是相互影响、相互制约的，在规划空间色彩时需要同时考虑这两部分。

下面我们通过一些案例来了解前景色与背景色之间的对比关系带来的空间色彩效果变化。

▼ 前景色与背景色采用高纯度色彩形成对比，加以中性色进行调和，使空间氛围显得更加强烈和生动。

◀ 这是一套位于深圳的住宅，为了降低南方强烈的日照给室内空间带来的眩光，设计师在墙面上使用了沉稳的灰蓝色调来营造凉爽、安静的空间气氛。在家具的色彩选择上，用一张白色的沙发来强调前景与背景的明度对比，打破深色背景可能带来的沉闷感。两张绿色的坐凳很好地呼应了窗外的环境，蓝色在细节上的描绘，让整个空间的色彩优雅又有着微妙的互动。

3　装饰色：空间中的点睛之笔

装饰色也称点缀色。并不是每个空间的色彩搭配中都会用到装饰色，但装饰色往往能在空间色彩中起到点睛的效果。装饰色常出现在一些空间中的装饰小品上，如艺术品、陈设品、小的布艺、花艺、灯具等，有时候书报杂志的封面甚至果盘都能起到装饰色的作用。装饰色在空间色彩中占很小的比重，设计师常常是就地取材、心境入画，巧妙的装饰色运用往往都是神来之笔，有赖于设计师平日里练就的审美素养。装饰色在空间中的作用主要是通过提供响亮的对比来实现的，明度对比、色彩对比和材质对比是经常使用的手法。通常当设计师希望丰富空间中的色彩层次，又不想大动干戈地变动整体色彩环境时，装饰色就能称

为很好的调节器，不管是在小环境中增加亮点，还是在大环境中增加一些沉稳的中色，都能通过一些小的装饰品来实现，有时设计师也会利用这个机会对质感和肌理进行丰富与调节。

▲ 花卉的中黄色与挂画中的橘黄色、茶几的藤黄色色相相近，点缀了平淡 的中性灰色空间。

▲ 花卉与水果的明黄色与高纯度的深蓝色空间形成了跳跃的对比。

▼ 花卉偏蓝的淡紫色与背景挂画偏暖的紫罗兰色与沙发的梅子色、墙面的 红酒灰构成了层次丰富而稳定的紫红色环境，这时亮黄色的靠包和远处 荧光橘色的花卉与珠宝盒就起到了活跃空间的作用。

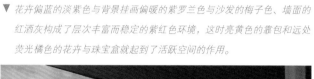

▼ 紫色兰花呼应了挂画中的紫色色块，与墙面近似色相的深玫红，形成了 层次丰富的近似色环境。

▲ 用跳跃的装饰色制造视觉焦点，需要在空间制造强烈的色彩对比，可以是色彩纯度的对比，比如降低背景色和前景色的纯度，在小块面上使用高纯度的装饰色；也可以是在空间中的小块面使用背景色或前景色的对比色、补色或者分裂补色来进行色彩跳跃。在这种情形下通常装饰色的纯度比较高，在各种酒店和家居环境中常见的青苹果或黄柠檬都能起到类似作用。

◀ 作为整个空间的焦点，装饰色使用的要点之一就是"少"，一定是点到即止的。一旦使用的面积或者是次数过多就容易造成空间中的色彩混乱、主次不分。为了尽可能地突出装饰色的点睛作用，设计时常常会在照明设计上给予特别的关注。装饰色常常会被追光灯打亮，有时还会用金属、镜面的材质来配合加强效果。

4 色彩的视觉渗透现象

色彩渗透现象是人们对色度认知的视觉现象，尤其适合运用在色彩设计中形成特殊的视觉效果，设计师通过调整色彩之间的配合方式和对比关系，混合之后得到特定的色调。当两个颜色混合出第三个颜色时，第三个颜色将聚合前两个颜色的特征，将这三个颜色放在一起能得到一组和谐的色彩组合，这个色彩区域看上去会是两个透明色彩重叠的结果。

客厅中的黄色与书房的蓝色混合之后，形成空间中的第三种颜色——绿色。书房中的棕红色前景色与客厅黄色沙发处在一个色域，与蓝色空间形成对比。 ▶

图中原始的两个色彩（上下色块）叠加之后形成了中间的色块。利用这种视觉现象可让色彩环境达到视觉平衡，在特定色彩环境中吸引观众的视觉注意。 ▼

5   流行色与其运用

　　谈到色彩设计，绕不过流行色和色彩流行趋势的话题。色彩流行趋势研究就是针对消费市场的色彩流行变化作出的跟踪、分析、研究和预测。色彩流行趋势研究取样的范围涉及社会、经济、艺术和市场等多个方向的动态，最后得出未来的色彩主题和走向。今天，色彩流行趋势的研究已经在全世界范围内普遍展开，每年世界各地都有研究机构发布研究成果，近年来国内也有越来越多关于色彩流行趋势的研究内容发布，逐渐引起更多设计师和企业的关注。

　　色彩为什么会有流行趋势？凭什么去判定两年以后会流行什么主题？色彩流行趋势报告的预测准吗？这通常是大家在刚接触到色彩流行趋势时的疑问。

　　首先让我们来了解一下所谓的预测准确率问题，我们用 2013 年春季四大时装周发布会的照片与一些权威机构两年前发布的 2013 年春夏色彩流行趋势作比对。我们抽取了十个对应不同年龄层及消费水平的领导品牌，将发布会官方照片与流行趋势色彩图谱进行覆盖率比对，结果是准确率高达 70% 以上，如果将各个品牌的产品中黑白灰色系的经典款占去相当大份额的因素考虑进来，那么准确率可能还会提高到 90% 左右。显然，流行趋势研究对未来消费市场的影响和判断作用不容小觑。那么，这些判断是如何形成的呢？

　　其实色彩流行趋势的研究复杂但不神秘，其工作内容大致有：消费市场观察与消费者细分；消费动态资料搜集和整理；社会现象的跟踪与分析；综合研究与总结。

奢 华

意大利GUCCI2013年春夏发布会色彩
色谱与色彩定位

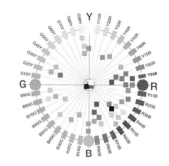

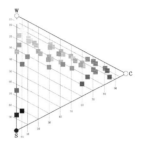

我们用 2013 年春季四大时装周发布会的照片与一些权威机构两年前发布的 2013 年春夏色彩流行趋势作比对。我们抽取了十个对应不同年龄层及消费水平的领导品牌，将发布会官方照片与流行趋势色彩图谱进行覆盖率比对，结果是准确率高达 70% 以上。

时 尚

英国BURBERRY2013年春夏发布会色彩
色谱与色彩定位

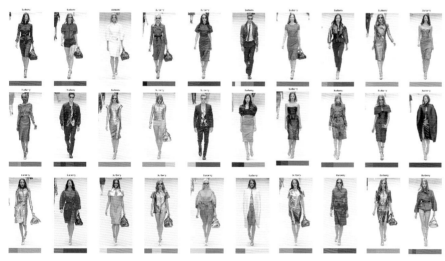

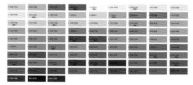

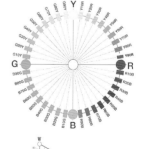

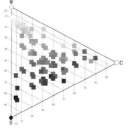

如果将各个品牌的产品中黑白灰色系的经典款占去相当大份额的因素考虑进来，那么准确率可能还会提高到 90% 左右。显然，流行趋势研究对未来消费市场的影响和判断作用不容小觑。

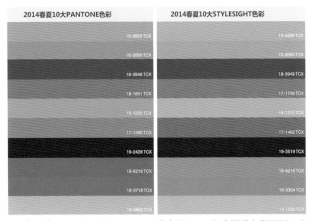

2014春夏10大PANTONE色彩 | 2014春夏10大STYLESIGHT色彩

▲ 左图为 2012 年 6 月 Stylesight 发布的 2014 年春夏季色彩预测，在 2014 年 Pantone 公布的当年十大流行色中得到印证。

▼ Stylesight 发布的 2014 年春夏季色彩预测中的两个颜色与 Pantone 最终公布的流行色的对比，可见色彩流行趋势预测的准确性。

既然是一项消费市场研究，那么研究的内容会针对市场消费的主力人群展开。通常情况下，分析者会用四个方向来细分市场（也有部分研究机构会用八个方向，甚至是更细微的划分），这四个方向虽然并不总是一成不变的，但大体会指向传统的成熟消费群体、新兴的消费主流群体、都市知识阶层、边缘消费阶层。

一开始色彩流行趋势研究主要只是针对时尚产业的研究，后来各个研究机构逐渐把研究成果细分拓展到其他消费领域，例如纺织品、产品设计、室内设计等相关领域，甚至有时会在某一分支的领域中再作细分，比如室内设计领域可能出现独立的色彩、流行风格、材质的报告，向行业从业者提供尽可能全面细致的资讯。

针对被划分的主流消费人群，研究机构通常会联合一些市场销售机构进行消费动态的跟踪和分析。这些来自市场最前端的数据资料，真实客观地反映了消费者的消费能力和消费动态的数据变化，是最宝贵的第一手资料。对每一年所取得的数据资料，传统的趋势研究机构一般会将这些资料分档归类，经过长时间的积累就能形成完善的资料库，每当一种过去的潮流重新回到主流视野，机构总能第一时间调出原始的信息。

除了关注消费市场，趋势研究者还会将自己的触角伸向不同的方向——世界经济形势、环保主义新动向、新锐艺术家、时尚界、各民族的文化瑰宝、戏剧影视文学等，总而言之，他们总是努力地搜罗世间万象进行思考与分析，研究这些现象对消费者带来的影响。

当然，最后也是最关键的一步，是对上述的庞大资料库进行梳理和串联，透过现象观察本质，去发掘消费领域新的趋势动向。这个过程并非一蹴而就的，研究者们需要反复讨论甚至激烈争辩，在不同的主题与关键词之下反复推敲，最后由团队的核心人物完成串联、总结和定义。可以说，色彩流行趋势的研究实际上是一个感性搜集、理性分析的过程。趋势研究机构提前 1～2 年发布流行趋势，相关的行业得到趋势指导之后展开自己的产品设计与试生产，提前半年时间在各种发布会与展会上推出新产品以测试市场效果，最后将自己的应季产品推向市场。

rical (eccentric make-up, multicolored and blue, scrawled & scribbled, sequins;)

d chemical pastels, strange gels, hologram and iridescence)

chitecture (street recycling, creative vandalism, rubble and debris, cinder block and con
ant-garde recycling, rubble reclaimed)

l colorama, organic textures, special reflections, glass & glass paste)

cling elevated, composition and installation; recycling various fragments and shards,

escence, lacquers and mirror grays, trinket cases;)

al art deco, patina and gold leaf, purist candlestick holders; luxury without ostentation,
d, precious finishing and minimalist ornamentation)

▲ 除了关注消费市场，趋势研究者还会将自己的触角伸向不同的方向———世界经济形势、环保主义新动向、新锐艺术家、时尚界、各民族的文化瑰宝、戏剧影视文学等，总而言之，他们总是努力地搜罗世间万象进行思考与分析，研究这些现象对消费者带来的影响。

尘　世

生 命 与 自 然 的 礼 赞

寻回尘世的智慧和仪式感，适时放慢
速度，保持平衡与和谐，与所有生命
保持联系，召唤神圣之感，赞颂生命
和自然。

上　乘

现 代 复 古 新 奢 华

精致优雅的艺术品味根植于现代都市
的奢华风尚中，与18世纪的审美底蕴
一脉相承，名贵的材料加以精心的雕
琢，只为永恒的珍贵。

力　量

开 拓 者 的 乐 园

在充满未知和挑战的都市丛林中，
拥抱现代科技和理想主义世界观，
成为最富有冒险精神的战士。

追　梦

将 幻 想 变 为 现 实

天马行空，自由自在，对未来进行充满
趣味的探索，用温柔的目光和轻快的脚
步重新衡量生活方式之美。

▲　根据我们对 2020 年流行趋势的解读，得到了四大主题———尘世、上乘、力量和追梦，并衍生出一系列色彩、图案和材质。

▲　尘世主题概念图

▲ 上乘主题概念图

▲ 力量主题概念图

▲ 追梦主题概念图

第 8 章

室内色彩设计实例与分析

伊利尔·沙里宁认为，色彩与音乐一样，是无法通过哪怕是长时间的理论学习而取得成就的，只有在实践中，用心去感知、感受乃至感动，才能取得进步。出于对这个观点的认可，笔者在从业的这些年里也坚持将思考与实践相结合、相印证。在本书的最后一章，也附上一些不成熟的实践案例，以利于读者从不同角度去看待与思考色彩设计在空间中的作用。

正如第一章中引述沙里宁的观点，色彩之于空间正如音乐之于舞蹈，虽然是如影随形、相得益彰，但在大多数情境下，我们并不会将色彩从空间中的各种载体上单独抽离出来成为独立的表现形式。然而在许多时候，色彩设计是空间设计的出发点与手段，本章所附的几个案例，以由简到繁的形式介绍了色彩设计在空间设计中的作用。

前三个案例，空间的功能单纯，而造价与工期又相对紧张，种种条件限制之下，色彩设计成了设计师工作的支点。第一个案例，色彩的平面构成主导并贯穿了整个空间；第二个案例中色彩单纯，在材质与层次上的安排让空间充满了丰富的变化；第三个案例，我们在第二个案例所用手法的基础上，又增加了一层图案设计，让空间、色彩和图案相互穿插结合，得到更为丰富的和声。

后三个案例，建筑空间和使用功能都变得更加复杂，色彩设计不再是空间设计的主角，但始终是不可或缺的重要因素，帮助塑造了空间整体的气氛，也总能在一些细节处给观者带来惊喜与感动。

1   运用色彩平面构成塑造空间

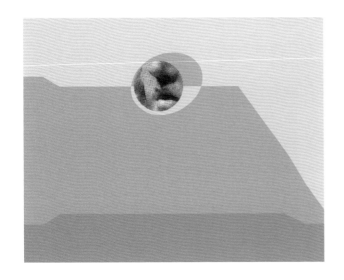

　　色彩的平面构成是色彩设计中操作起来最简单，也最容易出效果的手法。本案是为一个家具展厅做的空间设计。既然是以展示家具为目的的空间，那么拉开背景色与前景色的对比，令空间的色彩层次丰富就成了设计的首要目标，这样才能够充分调动参观者的情绪，让他们在空间中时常保持感官的活跃度。我们在这个展示空间中充分使用了平面构成的设计手法，在各个画面中都使用了各种形式的色块与质感拼接，只要将色块和图案组织得当，就能用最简单的陈设布置获得最大化的视觉效果。

◀ 这个角落的色彩构成非常简单，而设计师采用了三种不同的构成手法。
首先是相同色彩、不同材质的拼接：墙面中的红色色块采用了高光镜面
和哑光面的拼接，同时地毯上还有一块绒面材质的红色，与其正对着的
是墙上哑光漆面的红色色条。其次是不同颜色色块之间的对撞和冲击：
背景墙面红色色条与灰色大面之间，用一列方形的白色挂画作为缓冲，
而挂画的表现内容又是一系列不规则的红色小色块，增加了一部分墙面
的仪式感。最后是灯光带来的巧妙辅助：在黑色的茶几与白色的地毯之
间，设计师依靠天花板上一盏对准茶几的射灯投在地毯上的圆形灰色阴
影，不仅为黑色与白色提供了缓冲带，还和旁边的红色色块形成了戏剧
性的互动关系。

◀ 在这个空间，设计师利用色彩的平面构成，构建了丰富的前、中、后景，
在方形与圆形的几何色块组合中找到了和谐的秩序。

这个色彩斑斓的角落，虽然色块繁多，但却不显杂乱，这里的诀窍，一 ▶
个在于主题色彩的点睛作用，另一个则是重颜色的配合。图中虽然地铺
和地毯的图案都比较复杂，色彩对比也也足够强烈，但是纯白色墙面上一
幅色彩关系更为单纯的挂画，对空间的色彩起到了梳理的作用：首先，
柠檬黄的色块与地面的黄色相互呼应了，这时候薄荷绿的色块便凸显了
出来，再加上黑色线条的强调作用，这个空间的主角便十分清晰。一旁
的纯黑色落地灯作为一个具有分量感的重色块，和挂画达成了左右的平
衡，是很巧妙的安排。

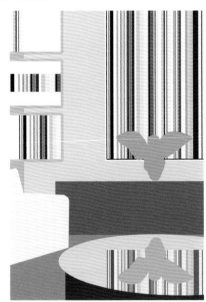

这个小场景的布置，与上面的场景遵循同一逻辑：背景浅淡的水色和纯 ▶
度较高的绿色小雕塑，点明并强调了这个空间的主题色——薄荷绿。
只要主旨足够鲜明，即便挂画给空间带来了更多的色块，也不会和主
题色产生冲突。柜子和茶几，包括挂画中出现的一些重颜色很好地"压
制"了空间中众多浅色和调色，使空间色彩跳跃而不轻浮。这里值得一
提的还有茶几玻璃表面的巧妙之处——反射出背景和饰品的色彩，进一
步强调了空间的主题色。假如去掉了这块玻璃，恐怕地面的色彩层次也
会打个折扣。

▲ 充满未来科技感的色盘

STEP 1   STEP 2

2   材质与色彩结合塑造空间性格

有时候室内设计师需要塑造性格更为强烈的空间，这时候，可能传统的色彩设计手段会显得温和，而使用强烈的色彩，搭配非常规的室内材料便能够起到放大空间性格的效果。

本案是一个售楼处的空间。作为大面积的商业空间，为空间塑造独特的"记忆点"是设计师工作的重点之一。在这个空间中，设计师在"微妙"与"张扬"之间做了权衡，决定以具有视觉冲击力的色彩与材质搭配来为空间定下一个具有未来感的调子。设计师在墙面上大面积使用反射性材料，通过不锈钢印花的做法，给空间带来具有丰富变化的素描灰度层次。同时，设计师在一些面上铺满了大面积的正红色，金属的灰与纯正的红，形成了强烈的视觉效果，而点缀其中的黄铜灯饰，更增加了空间的戏剧性效果。将这些做法在不同的小场景中重复、变化、增强，在观者的移步换景中，让空间的记忆点根植于观者心中。

▲ 在这里，色彩在面与面之间的分割，突出的是直接与简洁，不需要色彩的过渡和变化，因为材料本身配合空间的转折，就能提供足够丰富的细节。

空间的主角使红色的挂画与金色的灯具，但设计师花了最多的心思在 ▼
背景的材质处理上。不锈钢本身的色彩比较寡淡，在不锈钢板上印花
的同时，设计师又叠加了一层印花玻璃，两种材质、两种图案的叠加，
令空间大面积的灰色背景色充满了丰富的肌理和细节。同时，天花板
上的高反射铝板为空间增加了一个维度，使空间的未来气质更加浓烈。

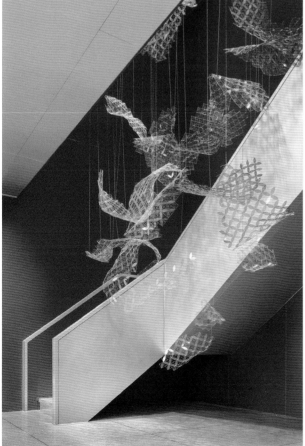

▲ 值得一提的是，空间的在地性（本案位于北京）决定了设计师对色彩与材质的选择，红色是代表了北京气质的"京城红"，墙面印有旧时的燕京八景，增添了空间的文化内涵，也在细节处给观众带来不一样的惊喜。

◀ 多种材质的拼接与对撞，简洁的色彩构成也能做出丰富的视觉效果。

▲ 建筑的本体拥有对称的外观和新古典主义风格的装饰，设计师对拱券进行了改造，消解了古典拱券复杂的穿插结构，使其成为一个规整的圆拱，也
为下一步的图案创作提供了出发点。

3 用图案与色彩构建空间情境

总概本案的建筑是一栋带有折中意味的仿新古典主义建筑，拥有对称的格局和古典造型的拱圈和连廊。拿到外立面图纸之后，设计师便决定从建筑本身的外形入手，通过图案的提取和进一步创作，结合色彩的使用，创作一个带有超现实主义元素的空间，期待与建筑的外形达成一种视觉上的落差，给观者带来惊喜的体验。

▼ 从古典拱券提取到的圆拱形状不仅用到了室内空间的结构之中，还化作图案称为墙面的装饰肌理。

▼ 图案的创作：从超现实主义的理念出发，参照了位于墨西哥的超现实主义建筑群 los pozas 的建筑细节，从中提取元素，创作出新的图案，并将新的图案与室内空间有机地结合在了一起。

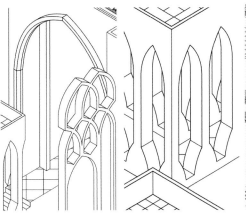

▲ 平整的不锈钢表面略显寡淡，附着其上的印花玻璃板解决了这个问题，拱门图案化身肌理，为立面增添丰富细节。

▼ 层层递进的拱券带来戏剧的氛围。连续的白色通道尽头一抹水色，暗示走廊的尽头别有洞天。

▲ 图案寄托幻境，而幻境的载体则是多变的。通过改变主题图案呈现的介质，我们将它渗透进空间每一处细节之中，彼此遥相呼应。

▼ 不锈钢板打印的工艺，图案在材质表面形成独特的反射效果。

4 用色调塑造空间氛围

通过本案，我们想探讨的是如何脱开形式的束缚，用色调来塑造空间的格调和情境。

本案位于成都，是一个从建筑到室内布局都非常西式的别墅空间。设计师在为空间色彩定调时，希望从建筑的在地性入手，结合成都本地的色彩氛围来营造空间感受，既拥有城市的格调，又拥有东方式的韵味。

▲ 受成都雨雾濛濛的意象所感召，项目整体的色调选用了素净的中性
暖灰搭配清淡的天青色和晨雾蓝，背景色与前景色明度差异较小，
利用色相来拉开空间的色彩层次。

▼ 过厅的空间色彩与上文图中客餐厅空间的色彩一脉相承，桌面玻璃板投
在大理石地面上的影子仿佛水面上的涟漪，带来一种枯山水一样的古
意。过厅尽头安放了一幅绛红色的挂画，画面上抽象的水墨笔触再次带
来雨水的意象。

▲ 空间的情感是一脉相承又不断变化的，从过厅来到起居室，我们会发现色彩逐渐变得热烈了起来，气氛从清淡渐渐过渡到了热情。这个空间中，背景色仍然是中性的暖灰色，不同的是，空间中最为抢眼的红色对椅，还有赭石色壁纸和金色黄铜护墙板的加入，令空间的气氛更为热烈。结合整体空间来思考，从外部进入内部时，我们便能感受到设计师对室内空间"外冷内热"的设计思路。

| 纯净 | 灵动 | 浪漫 | 静谧 |

5　　在一个设计中容纳多个复杂色调

　　本案是一个社区的公共会所空间，承载了礼堂、咖啡厅、阅读室、亲子活动室等职能。从建筑空间看，这个空间最大的可造之处在于一条贯通的长廊，长廊两侧各划分出多个独立的功能区间。设计师因地制宜，以浪漫主义的蝴蝶为主题，以长廊作为视觉线索，在不同的子空间中通过不同的色调构建不同的氛围，从而匹配每个空间的功能，最终形成一种连贯而变化的视觉体验。

　　要在一个设计中容纳多个复杂色调，首先需要一个统领全局的主题，这个大的主题能够引导出每个小色彩主题的设计。同时，对色彩连贯性和渗透作用的关注，在这种大空间和小局部的整体规划中也是必不可少的，这能够使各个小空间互相产生联系，让观者在空间中获得更加柔和的视觉过渡体验。

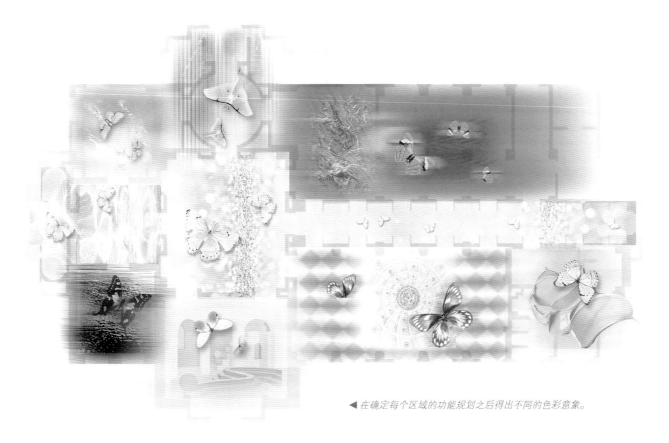

◀ *在确定每个区域的功能规划之后得出不同的色彩意象。*

▲ 门厅与长廊的空间背景色，设计师使用了无色相的黑与白，通过极致的
简洁，来反衬从过廊进入到每一个空间中的丰富变化。

从黑与白主宰的长廊望向色彩丰富的内部空间。 ▶

◀ 暖橘色与蓝色对比色相辅相成的空间，利用几对微妙的邻近色（饰品的
砖红色与地面的棕色、餐椅偏冷的灰蓝色与挂画偏绿的灰蓝色）作为缓
冲，避免了橘色与蓝色的直接冲撞，更极大地丰富了空间的色彩层次。

▼ 蓝色调的圆形过厅，设计师在这里使用了大量的玻璃材质来渲染空灵的
氛围。从过厅的门洞，能看到里面酒吧空间，类似于叙事文学中的篇章
转换。

进入大厅，设计师用色彩与图案构建了另一种氛围：温柔甜美的、带有 ▶
女性气质的。可以看到空间的色彩基调是甜蜜的奶油色，在同一色系中
利用相近色制造变化，用奶茶粉、杏仁棕等色彩渲染柔和的氛围，蝴蝶
与花卉贯穿其间，卷拱形门洞和黑白棋盘地铺带来古典浪漫的情调，空
间整体氛围和谐而统一。

◀ 阅读区在自然柔和的浅木色背景之下，利用蓝色、绿色的邻近色对比制造出一些小局部的故事性。

在儿童活动区，设计师再次使用了橘色与蓝色的对比来装点活泼的空间 ▶
氛围，将对比色进行降纯度、提明度的处理之后，空间整体色调统一进
了温馨柔和的弱对比中。归根结底，室内设计就是在色彩与明度之间，
寻找色块之间的和谐之美。

▲ 建筑剖面图。

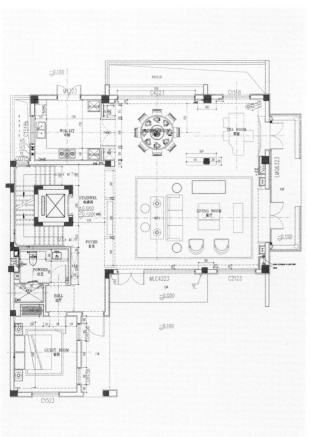

6   色彩与空间复杂的相互作用

　　本章的前三个案例讲述的都是比较直接的色彩设计手法，运用了较为浅层的设计逻辑，但实际上并非所有的空间都适用于如此简单的工作方式。正如本章开头所表述的，对于复杂的空间色彩设计，色彩与空间载体是相辅相成、相互作用的，在规划空间色彩时，空间逻辑与色彩搭配是穿插在一起的两条线，需要设计师进行综合的考量。

　　本案是一个别墅住宅项目。项目的属性，决定了这是一个功能复杂的空间综合体，需要承载居住者生活中方方面面的需求，因此需要设计师从物理层面和心理层面上对空间进行有效的划分，在划分的过程中又催生了每个子空间对色彩的需求与限制，结合前文中为室内背景色与前景色、点缀色定调的工作方法，最终使整个空间和谐而统一，色彩对空间起到了非常好的烘托作用，又恰到好处地与空间和结构结合在一起。

◀ 由于空间中心位置有难以避开的承重柱体，在这里设计师放弃了使用实墙的硬性分割，而是采用了暗示的手法，将柱体改造为一面屏风墙，将它作为分隔各个功能区间的视觉分界，这面墙也因此成了空间中的主角，从而催生了色彩设计的动机。

山水之间　　　　　　　　层叠交错　　　　　　　　石上生花　　　　　　　　水石映画

山水之间　　　　　　　　层叠交错　　　　　　　　石上生花　　　　　　　　水石映画

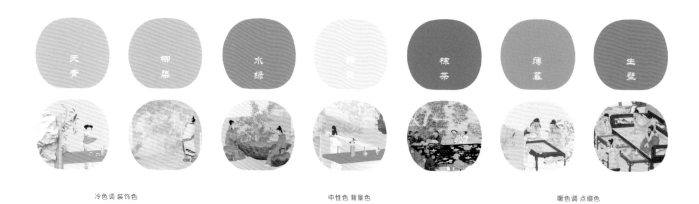

冷色调 装饰色　　　　　　　　中性色 背景色　　　　　　　　暖色调 点缀色

▲ 从项目所在地的自然风物与历史文脉入手，设计师梳理了色彩意象和材质感受，最终提取出室内空间的整体色调。

屏风墙作为室内空间的主角，设计师在其表面使用了丰富的肌理和色 ▶
彩，同时，近景中大理石桌面的绿色、地毯上水波纹的绿色与远处餐椅
的绿色，形成了丰富的层次对比。

高光绿漆与波纹板打造出带有流水质感的墙面，配合灯饰与花饰清新的 ▼
粉红色，在室内空间构建了一幅桃红柳绿的江南春景。

▲ 在地下夹层与地下一层的空间中，一面绿色墙面贯穿而下，由于层高与采光的因素，虽然墙面的固有色彩与材质是相同的，但是给身处其中的观者的心理感受有着微妙的差别。

多种材质的穿插与结合，带来了丰富的视觉感受。 ▶

在公共空间中作为点缀色使用的橘色调，在私密的卧室空间中成为主导 ▶
色彩，如果说外部公共空间色彩是冷感的，那么卧室空间中的暖橘色调，
会令居住者拥有更安定温暖的休憩体验。

后　记

　　拉斯姆森曾经谈道："建筑师像雕塑家一样从事形状及体块的创作，像画家一样从事色彩的创作，而这三者中唯有建筑师的创作是功能性的艺术：它要解决实际问题；它要创造为人类生存所需的工具或栖居，在评价建筑时，实用性起到决定性的作用。"

　　"建筑是一门十分特殊的功能艺术。"

　　正是因为建筑空间这种兼具实用与欣赏体验的复杂性，决定了每一个建筑师和室内设计师都必须同时具备理性与感性的思维，同时成为兼具技术与艺术的多面手。

　　色彩是一门有规律可循的学问。人们常常把色彩的感觉与音乐产生联想与通感。事实上色彩与音乐的学习一样，也无法只通过深入的理论学习来掌握，只有一面学习一面实践，在理论联系实践中去感受、感悟，感动自己，才能创造出激动人心的色彩空间。

　　希望这本浅显的小册子可以成为每一位热爱色彩设计的年轻设计师与设计爱好者在学习路上的一块铺路石。

　　最后还要感谢我的同事们。书中的案例都来自于我们多年共同完成的成果。感谢为本书排摄精美照片的摄影师傅兴先生、王厅先生和华书勇先生。感谢我的同事林蔚蔚和齐宗瀚为本书改版的文字整理与排版付出的工作。

　　感谢中国建筑工业出版社社长咸大庆先生和责任编辑封毅女士、周方圆女士对本书的关心和付出。

　　感谢我的家人多年来对我工作的理解与支持。

2020 年 12 月 4 日于广州